别在最美的年纪
辜负
最好的自己

岚小茉／著

九州出版社
JIUZHOUPRESS

图书在版编目（CIP）数据

别在最美的年纪，辜负最好的自己 / 岚小茉著. --
北京 : 九州出版社，2017.10
ISBN 978-7-5108-5805-5

Ⅰ. ①别… Ⅱ. ①岚… Ⅲ. ①成功心理－通俗读物
Ⅳ. ①B848.4-49

中国版本图书馆 CIP 数据核字（2017）第 261029 号

别在最美的年纪，辜负最好的自己

作　　者	岚小茉　著
出版发行	九州出版社
地　　址	北京市西城区阜外大街甲 35 号（100037）
发行电话	(010)68992190/3/5/6
网　　址	www.jiuzhoupress.com
电子信箱	jiuzhou@jiuzhoupress.com
印　　刷	河北鹏润印刷有限公司
开　　本	880 毫米 ×1230 毫米　32 开
印　　张	8
字　　数	180 千字
版　　次	2018 年 3 月第 1 版
印　　次	2018 年 3 月第 1 次印刷
书　　号	ISBN 978-7-5108-5805-5
定　　价	36.00 元

CONTENTS

目录

辑一
你认真对待的每段时光，终不会辜负你

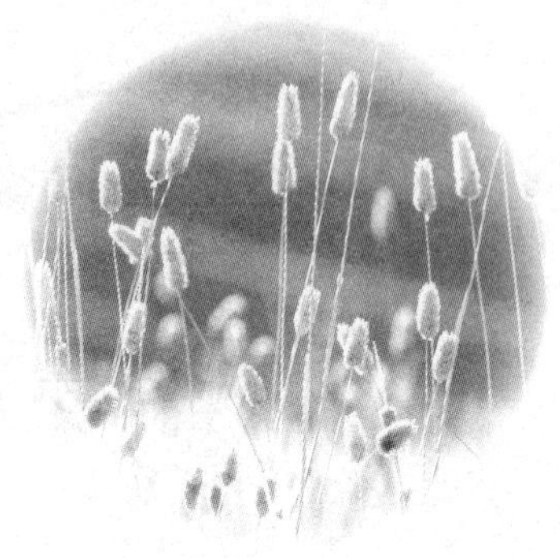

辑二
哪怕脚踩泥泞，也要伸手摘星

辑三
最终塑造我们的，是那些艰难的时光

辑四
你满脸抱怨的样子真难看

辑五
看似轻松的人生才是最累的

辑六
姑娘，你野心勃勃的样子真美

辑一

你认真对待的每段时光，终不会辜负你

愿我们都能活出自己喜欢的样子

1

小可是我在大学辅修英语时认识的女生，我俩专修的都是冷门专业，于是虽顶着名校的光环，却常常感觉身份尴尬。小可比我高一届，从入学年份来说，她是我的学姐，但她上学比较早，年纪比我还小一岁，所以我们就是以这种“她把我当学妹，我把她当妹妹”的奇怪模式相处着。

小可高挑清瘦，有着一头飘逸的长发，小而挺的鼻梁，皮肤白皙，脸上有几颗可爱的雀斑。除了瘦，其他方面我都是她的反面，个子不高，凌乱的短发，塌鼻子，皮肤暗黄，脸上长满青春痘。但奇怪的是，和她在一起，我丝毫感觉不到有压力，她的美不是那种咄咄逼人的美，也不是那种软萌甜腻的美，她看上去总是清清淡淡的，平时也不怎么打扮，或许她根本就没觉得自己美吧！

我们之间的友谊也是清清淡淡的，除了一起上英语课，平时从来没有一起出去逛街或玩乐过，但是大学毕业多年，她是我为数不多的还一直保持联系的外专业同学。我偶尔在朋友圈分享一些小众的法国文艺片如《美丽的约定》《沉静如海》等，反响寥寥无几，只有小可还能聊上几句。

2

去年清明节，我在“凤凰读书”微信公众号上发表了一篇怀念父亲的文章，我转发朋友圈后，她发消息给我：原来我们竟有着相似的家庭背景。我回复几个拥抱的表情，感慨万千：这大概就是人与人之间的磁场吸引力吧！我们从来没有说起过各自的家庭，可在冥冥之中，有股无形的力量把我们连在了一起。

我那个时候辅修英语课纯粹是对专业课不感兴趣，而恰好对英语有点兴趣。可为什么大二的时候我有机会转专业却没有转呢？当时我认为英语只是一门语言工具，似乎没有必要作为主专业来学。现在想来，这理由实在好笑，不过是自己偷懒的借口罢了。

而小可不一样，她修了这么多门英语课程，是想考英语专业的研究生。跨专业考研有多难？我无从想象。小可告诉我，对于跨专业考英语的人来说，还有一件棘手的事——要考第二门外语。她大二才决定要考研，这相当于从头开始学一门语言，且比别人落后了一年。

后来我大三，搬到了西溪校区，小可也在这个校区，我们偶尔会在宿舍楼下碰上面，但她总是行色匆匆，脸色苍白，简短说几句就走了。

3

转眼到了大三下半学期，我也面临找工作的压力，与小可联系就更少了。有一天傍晚，小可打电话让我下楼来，然后把一把钥匙交到了我手里："你之前不是说自己的车被偷了吗？我的车你拿去用吧！我快毕业了，马上要离开这里，车子也用不到了，这是车钥匙。"

我心中涌起一股无名的感动，然后小心翼翼地问她："你……要去哪里？""去浙江一家图书馆，是专业对口的工作。”“那不错，考研呢？”话刚出口，我就后悔了，既然选择了工作，想必她这次考研是失败了。小可把额前的几缕长发拨到了耳后，淡淡地说：“没考上。好在这份工作相对轻闲，有充裕的时间看书，明年再战吧！”我至今仍记得那个傍晚，我们坐在宿舍一楼大厅的长椅上，夕阳的余晖透过玻璃门一缕缕洒在她身上，她柔和的脸上隐隐透着一股坚毅。

一年后我也毕业了，去了浙江一个乡镇工作。那时候我对自己的前途感到很迷茫，便找小可聊天，那时才得知她第二年考研还是失败了，准备继续考。

我试探性地问她，要不，换个专业考？或者，换个学校考？可能会简单点。

她断然拒绝了，说从来没想过考别的学校、别的专业。

4

后来我在那个山区小镇度过了苦闷的三年，那时候的我整天郁郁寡欢，虚度时光，也很自闭，不愿意跟以前的同学联系。当我再次联系上小可，想去她工作的城市找她散散心时，小可说由于家庭的原因，她已经回老家工作了。

她一共考了四次——她梦想中的浙大英语系的研究生。

第一次，失败了。第二次，失败了。第三次，还是失败了。第四次，那是她离梦想最近的一次，她拿出破釜沉舟的勇气，对自己说，这次再考不上，就不考了。她终于进了面试，与她一起面试的是一堆比她小很多的“90后”学妹，且大多是英语系本专业，她们谈笑风生，脸上洋溢着青春自信的笑容。她站在她们中间，显得那样格格不入，那一刻，她怯场了。

面试她的是一位她之前上过课的老师，老师微笑着问她为什么要考英语系。她回想起这些年的经历，有千言万语涌上心头，谁知一开口，却磕磕绊绊说不了几句话——她本可以回答得很好，但她太看重这次机会，带着过重的心理包袱，反而发挥失常了。

四年，她用了最美好的四年青春，去追逐自己的考研梦，我多想给她一个完美的结果，可现实不是童话。现实是她失败了，带着四年伤痕累累的心回了老家。

直到后来我频频参加选调考试却屡考屡败，我才略微体会到小可当时的心境：那种屡屡受挫的挫败感，那种每次给你希望却最终换来失望的煎熬感，那种无法向身边人倾诉苦闷的孤独感。

5

如今的我和小可，依然在各自的家乡，做着一份不咸不淡的工作。有一次聊天，我对她说，其实在外人看来，我们的这份工作挺好的。

“好是挺好的，但是总觉得少了点什么。”她回答说。

然后我问，“你结婚了吗？”

“没。”

“我也是。男朋友呢？”

“没。”

“我也是。”

我们不由得同时打出了“哈哈大笑”的表情。小可说，刚开始，别人给她介绍，她还会善意地表示感谢，后来就会脱口而出：其实一个人也挺好的！

如今的我，开始在网络上写作，而小可，也依旧没有放弃英语学习，并尝试接一些笔译的活。我们都朝着各自的梦想在努力，虽然梦想看起来是那么遥不可及，但至少，我们迈出了第一步。

愿某天重逢，我们都已活出自己喜欢的样子。

人生
没有太晚的开始

1

2016 年，我 30 岁，工作忙碌，升迁无望，每月拿着不到五千块的工资，没房，没结婚，没男友，事业、爱情均不如意。

年少时，感觉 30 岁是个好遥远的年龄，那时候甚至觉得 30 岁有点恐怖，好像 30 岁的女人天然与“老”“丑”等字眼挂钩，30 岁的女人，如同一份已签发盖章的文件，想要再起什么风浪，难！

然而，当我自己不知不觉走到了 30 岁这个坎，我真的很不甘心，我的人生就此被定型。随着年龄的增长，我越来越发现，这不是我想要的生活，我有梦想，有追求，我也想活出精彩的人生。

30 岁的开头，我和朋友微微在杭州黄龙体育中心看了奶茶刘若英的演唱会。当奶茶唱着改编的摇滚风《为爱痴狂》又蹦又跳出场时，我哭了。我这个从十几岁就开始喜欢她的人，喜欢她唱的歌，喜欢她演的戏，喜欢她写的文章，喜欢她的一切一切，却一直拖到 30 岁才来看她的演唱会。

那个晚上，我时而被奶茶温暖的情歌所感动，时而随着她的摇滚一起嗨，我看到了她文艺知性的一面，也看到了她活泼俏皮的一面。真好啊，她还是那个少女感满满的奶茶。

奶茶说，当你听到一首歌，会想到最初听到的自己，回到当初的情境之中。

“现在我却总爱回忆，回忆当时不服输的你。”听到这首《继续给十五岁的自己》，我不禁问自己：当初那个倔强又好强的女孩，那个对未来有着美好憧憬的女孩，哪里去了？

奶茶的演唱会过后，我有好多天都沉浸其中，恍恍惚惚，有一个想法在我脑海里愈来愈强烈：我已经 30 岁了，有些事情再不做，也许以后都不会去做了。

2

于是在 30 岁这一年，我毅然决定开始追逐儿时的写作梦和主播梦。

要感谢这个互联网时代，我不必去电台工作，就可以在各个网络电台平台开通自己的个人电台；我把文章发在自己的微信公众号，慢慢也会有人看。当然，网络只是提供了展示自己的平台，我深知自己的缺点：论播音，我没有任何基础，连学校的广播台都不曾待过；论写作，除了在地方性报刊上发表过几块豆腐干，再无其他。要想脱颖而出，我必须付出比别人多十倍、百倍的努力才行。

我购置了电台主播专业设备，从普通话、录音、后期制作一点一点开始自学。我重拾了搁置多年的写作爱好，在每个深夜笨拙地写下只言片语。有时候写文章不知不觉就到了凌晨，盛夏酷暑时在封闭的房间里汗如雨下地录音，为了完成合作平台的录音节目经常早上五点半起来做后期，但我从未想过放弃。

也许，就像李安导演说的，不管你做什么事情，如果是你特别喜欢的东西，你会一直在追求，这是一种充实和幸福感。

相比十几岁二十几岁，30 岁才开始，是有点晚了吧？但是如果不开始，难道要等到 40 岁再懊悔 30 岁时没有去努力试一下吗？有些事情一旦开始做了，那就为时不晚。

只是，追梦的道路注定孤独。

周围的人对我冷嘲热讽。一位与我年纪相仿的男同事曾劝我，你成天搞那些电台啊、公众号啊，有什么意思？女人哪，最重要的是找个好老公。我看着他凸起的啤酒肚，心想：你已经被现实招安了，我还没有呢。不过我还是微笑着，礼貌地回了一句：我这就是瞎玩呗！我也想赶快找个好老公啊，你有什么合适的人选吗？给我介绍介绍。

我的家人不理解我。我老妈见我每天下班就把自己关在房间里，起早摸黑扑在电脑前，周末也不出去玩，终于有一天忍不住问我："你到底在做什么事情啊？"我含含糊糊地回答了几句，她叹了口气说，何必把自己搞得那么辛苦呢，现在这份安安稳稳的工作不是挺好的吗？我不知道该怎么说，我知道她是心疼我，可是她不懂她的女儿——那看似乖巧温顺的外表下，跳动着一颗躁动不安的心。

我的好友不支持我。某天晚上，我的一个闺蜜在微信上问我最近在忙什么呢。我兴奋地跟她讲起自己的网络电台"事业"和写作"事业"，谁知她兴味索然，问我对象搞定了没？

我说没有。她说你怎么还有心思搞这些东西呢？你现在要赶紧找个人结婚，你都30岁了，再不结婚生孩子都要成高龄产妇了。我哑口无言。过了一会儿，我说，你怀孕了，早点休息吧，就草草结束了话题。然后我在心里说了一句：我不是不想嫁人，可是我也想嫁给梦想啊！

好在我这个人向来我行我素，自己认准的事，十头牛也拉不回来。一旦认准了这条路，我将义无反顾地走下去。

令我始料未及的是，不到一年，我的梦想就开花结果了。我在各个网络电台平台上的粉丝越来越多，很多粉丝评价我的声音温暖、让人心静，在许多个深夜治愈了他们的心，我成了很多大平台的常驻主播，开始有了些许物质的回报。我的文章不断发表在《读者》《凤凰读书》等微信公众平台以及传统纸媒上，有很多读者在我的公众号下留言，说被我朴实真诚的文字所打动。当我最终与出版公司签订了新书合同时，我还有点难以置信：我人生的第一本书，就要诞生了。

3

2016年秋天，我在上海见到了多年未见的大学同学超超，她带我逛了外滩。黄浦江的风吹在脸上有丝丝的凉意，江边是熙熙攘攘、肤色各异的人群，江的对岸高楼林立、流光溢彩。她指着那栋最高的楼对我说："那是金茂大厦，我工作的地方就在那里。"她一直都属于积极努力又目标明确的那类人，大一时转专业到了管理学院，本科毕业出国读研，如今她是上海金融圈的精英，老公是同行。他们已在上海安了家，而我只是这座繁华城市的匆匆过客。

不过，我羡慕超超，却也没有妄自菲薄。她有她的人生，我有我的节奏，套用网上那段广为流传的话，"在我自己的时区里，一切安排都准时"。

回顾自己过去一年的经历，我想说：每个人都不应该自我设限，尤其是女人，千万不要被所谓的年龄捆住了手脚。

30 岁又如何？ 30 岁，我的人生才刚开始呢！

人生没有太晚的开始，晚的是你从来不开始。

有梦就去追吧，乘风破浪后定是一片坦荡辽阔的人生奇境！

迷茫时，
就去寻找生活的乐趣

我在开办网络电台初期时录过一篇文章，叫《迷茫时，就去寻找生活的乐趣》，作者是李健。那时我还没有购置专业的录音设备，对着手机录了十几遍才算把这篇文章没有错字、一气呵成地录下来。而我之所以选择录这篇文章，则是因为它很符合我一路走来的心境。

别看现在李健身上有很多标签——“秋裤男神”“清华理工男神”“音乐诗人”，其实李健在清华大学电子系读书时也是迷茫过的。刚上大学时，他考虑过出国，但后来发现在清华大学这样高手如云的地方，人的天赋差距很大，他再怎么努力，成绩也比不上班里那些“学霸”——应该叫“学霸中的学霸”更贴切些。到了大三，他甚至还萌生过退学的念头，整天郁郁寡欢。

“谁的青春不迷茫”？其实，不单青春期，人生的每个阶段都有可能迷茫。对人生感到迷茫，是再正常不过的一件事，连“清华理工男神”都有过很长的迷茫期。我们首先要做的，是直面迷茫，正视迷茫。从某种意义上说，迷茫并不是一件坏事，正如美国的M. 斯科特·派克在《少有人走的路》的开篇中写的：“如果你正在遭遇迷茫之苦，感激它的来临吧，这是成长的礼物，一种意识的觉醒！比起从来没有迷茫、没有思考过自己的人生状态，我们进步了。”

那么，面对迷茫我们该如何做呢？我曾看过一篇文章，大意是说，你迷茫是因为你懒：“你知道凌晨 4 点的哈佛图书馆是什么样吗？你知道凌晨 4 点的洛杉矶是什么样吗？你有什么资格说迷茫？矫情！去努力啊！”这鸡血满满的文字是不是看得你心惊肉跳？于是第二天你就早起背单词、做题到深夜，但是奋斗三天，你又陷入了迷茫？

迷茫是因为懒吗？其实很多人迷茫真的不是因为懒，而是因为找不到人生的目标，不知道自己想要什么、擅长什么。

就拿我来说，刚上大学时被调剂到了一个冷门专业——这其实不算什么大问题，因为那时候学校有规定，成绩排名靠前的学生到大二时可以申请转专业；最大的问题是，我虽然不是特别喜欢当时的专业，可是也不知道自己真正想要读的专业是什么。那时我的室友小超一心想要转到管理学院，每天早起锻炼、背单词、泡图书馆，在“压力友”的督促下，我的成绩倒也还不错。到了大二，她如愿转专业成功，而我因为没有目标，白白浪费了这次机会，依然迷茫着。每每在校园里看到竺可桢老校长的那两句名言：“诸位在校，有两个问题应该问问自己：第一，到大学来做什么？第二，将来毕业后要做什么样的人？”我便会头皮发麻：哦，天哪，这两个问题我一个都回答不上来！

面对迷茫和挫折，李健选择的是用从小就热爱的音乐来安慰自己。在清华求学期间，他写了许多作品，参加了许多大学生歌唱比赛并取得了不俗的成绩。寻找乐趣的过程充满了疑惑与困顿，他也曾怀疑过，写这么多歌有什么用呢？但后来恰恰是这些作品给了他自信，使他在迷茫中不断探寻着乐趣，逐渐找到了属于自己的生活方式，并最终走上了职业音乐人的道路。

因此，迷茫时，就去寻找生活的乐趣，这不失为一种明智的选择。

当然，所谓乐趣，并不是夜夜笙歌，更不是醉生梦死。因为在短暂的狂欢之后，留下的是无尽的空虚和落寞，那不是真正的乐趣。

其实，很多人所谓的“乐趣”，不过是自己不努力的挡箭牌罢了。我有个朋友在一所大专院校里当辅导员，她曾经问一个男同学：“你为什么整天玩游戏？”

“我喜欢玩游戏。”

“但我还听说你喜欢读书，你怎么不去读读书？”

“因为……因为图书馆太远了。好吧，其实我也不是那么喜欢读书。”

“那你还有什么兴趣呢？”

“我喜欢摄影。”

“那怎么没见你参加学院的摄影大赛呢？”

“因为……因为要出去采风太麻烦。好吧，其实我也不是那么喜欢摄影。”

“那你喜欢什么？”

“我喜欢玩游戏。”

谈到这里，对话简直没法进行下去了。但我那个朋友耐心得出奇，她又问了一句：“你玩了一天游戏，晚上睡觉前不会觉得空虚吗？”

据说经此一番谈心，那个男同学突然改变了很多，虽然还是会玩游戏，但频率明显下降了。

像这个男同学喜欢玩游戏，只能说是“消遣”，而不是真正的“乐趣”。因为大部分人虽然玩游戏，毕业后却并不会从事游戏行业，他们玩游戏，只是在逃避现实、逃避努力。

真正的乐趣，是你在对它投入和积累后获得的成就感，它绝不意味着只有快乐，没有痛苦。古龙曾在一篇文章中谈道：“办杂志是件非常艰苦的事，也像世上很多艰苦事一样，如果你真的把你的精力和心血投注其中，就一定可以从中得到很多别的任何事可以替代的乐趣。创作是一种快乐，是一种生命孕育后的再生，一种经历千辛万苦后的突破。可是在创作的过程中，那种挣扎的痛苦，那种求全求美的泪痕，也不是其他任何人可以想象的。”

真正的乐趣，会让你心静，会使你专注，你对它投入越多，你的生活就会越充沛丰盈，最后回馈你的是意想不到的硕果。我在大学时，虽然迷茫，虽然没有找到人生的目标，但是我依然会每天去图书馆，依着自己的喜好看了大量的文学作品；为了缓解做题的苦闷，我一边做题一边听了很多歌，这些都为我后来开办网络电台奠定了基础——因为拥有较好的文学修养，我刚开始录文章时尽管没有专业的设备，普通话也谈不上标准，但依然有人喜欢我的节目，觉得我对文章情感的诠释比较到位，觉得我配的歌曲特别应景。我在开办网络电台时，也没有想到自己能够成为一些大平台的主播，只是出于喜爱，想要做得更好、更专业，于是不断地练习普通话、学习后期制作，日益精进，以至于有些人误以为我是播音科班出身。

就像李健说的，每个人所拥有的真正乐趣都不会很多，所以要看重它，对之加以经营和投入，尽量变成更大的乐趣。在寻找乐趣的过程中，也会在不知不觉中找到人生的方向。

不要
总拿自己是新手当挡箭牌

1

你哭丧着脸对我说，部门主管今天狠狠骂了你，批评你做的方案漏洞百出，跟另一位同事差得太远。“她在这个领域已经做了三年了，我才做三个月，怎么能跟她比呢？”你一脸委屈。

是啊，姑娘，你才刚毕业，入这行才三个月，你的同事已经有三年的经验，可是，这不能成为你方案做得差的理由。职场不是你家的后花园，没有那么多时间让你慢慢来，三个月的时间，已经足够你证明自己的岗位匹配能力。

不要总拿自己是新手当挡箭牌，要么迅速上道，要么滚，这就是残酷的现实。

我联想到自己的三段经历，都是因为没有把自己当新手而牢牢把握住了机会。

2

第一段是我大学还没毕业，在一家互联网公司实习的经历。我所在的部门叫金融合作部，主要业务是为公司的付费会员（中小企业客户）提供网络贷款服务。作为一名实习生，我的主要工作是给后台申请贷款的客户打电话，提醒他们把资料补齐。这看上去是一项没有什么技术含量的工作，但实际上，在与他们的电话沟通中，我掌握了大量来自一线客户的一手资料，同时利用碎片时间把能看到的部门产品资料看了个遍，以便在回答客户疑问时做到心中有底。

打了一段时间电话后，我接到一项临时任务——采访成功获贷客户，写一篇稿子宣传我们的贷款产品。

我挨个打名单上的电话，然而他们要么没接电话，要么没说几句就匆忙挂了。我颓坐在电脑前，这人都采访不到，还怎么写稿子啊？

稿子第二天就要交，时间紧迫，我来不及沮丧，马上着手准备打第二轮电话。

我重新看了下没接通电话的几个客户，决定先从里面唯一的一个女企业家——夏女士入手。幸运的是，这一次拨通了，夏女士连连道歉，说刚才自己在跟新西兰客户谈生意。她的良好涵养让我心生感动。接下来的采访就很顺利了，其实当时我的采访提纲做得非常粗糙，只是在纸上简单列了几个要点，幸好夏女士非常有耐心，在通话的过程中我又追加了许多问题，她也愿意敞开心扉回答，让我挖到了不少东西。

下班回到宿舍，我连夜赶稿。这篇稿子，我从夏女士和她老公白手起家从零做到年销售额2000万的创业故事入手，写到这笔资金能够发挥的作用，再写到他们如何找联保企业共同贷款的过程。得益于每天打电话掌握到的一手资料，我对客户的疑虑、申请贷款遇到的困难等等了解得比较透彻，写的内容可谓恰到好处地击中了客户的需求和痛点。写完之后，我又反复修改，再三斟酌，等改到自己满意时，已是深夜 12 点。虽然我只是个实习生，但我知道，我必须以正式员工来要求自己。

第二天，部门主管对这篇稿子赞不绝口，一字没改发在了网站上，而这篇稿子连续多天的点击量都很高，成功达到了宣传产品的目的。

自此，我除了打电话外，还参与了部门更多的运营工作，实习结束，我获得了留下来的机会，虽然我当时并没有留下。后来我在工作中有些郁郁寡欢，在网上投简历却四处碰壁，也是因为之前的实习经历，获得了再次进入公司的机会。虽然由于种种原因，我最终还是没有去，但我非常感激这段经历，感激当时部门的主管和同事们。

很多初入职场的年轻人，对自己被安排复印资料、打电话等简单的工作颇有微词，觉得大材小用。可即便是简单的工作，用心做和不用心做的效果也是有天壤之别的。职场作家 Spenser 曾说过，这世上从来没有简单肤浅的工作，只有简单肤浅的人。

3

第二段经历是我在乡镇待了三年以后，终于有了一个去上级部门锻炼的机会。这是一个政府综合科室，主要工作是将各个部门报过来的经验做法编辑成简报，并将亮点突出的稿子修改上报市里和省里，这类稿子，业内的说法叫“信息”。

刚开始我还是做些琐碎的工作。直到有一天，科长把一篇稿子扔给我，说我们当地财税局国库集中支付这个做法是走在全省前列的，让我改改看。我拿到稿子一看，头都大了：虽然洋洋洒洒写了一大堆，却杂乱无章、不知所云，既不符合“信息”的基本写法，也没有具体的做法和数据支撑，加上这个业务专业性强，我一无所知，根本无从下手。

可是，就因为没写过这类稿子，就因为原稿比较粗糙，我就要认输吗？那个时候，我已经在乡镇待了三年，想要从事文字岗位而不得，我深知，若不抓住这次证明自己的机会，我将继续沉沦下去。

我花了两天时间，把改好的稿子拿给科长看，毕竟是第一次写，没有十足的把握，心中有点忐忑不安。科长看完后，指出了几个需要修改的小地方。“这些都是小毛病，应该基本算合格了。”我舒了一口气，马上按照她的要求作了修改，她看了之后说可以了，然后漫不经心地问：“你在乡镇是写材料的吧？写了几年了？”

“不是的，我在乡镇几乎没写过材料。”我有点不好意思地回答。

她一直埋着的头抬了起来，脸上满是吃惊的表情：“你的稿子写得很成熟了。我没想到这乱七八糟的稿子被你改得这么漂亮。”接着她又感慨，“这写材料还是得靠天赋，会的人一点就通，不会的写了几年也毫无长进。”

其实，我靠的哪里是天赋，我靠的不过是争分夺秒的学习和努力，在短时间内把自己从一个“新手”训练成了“老司机”。她不知道的是，在这之前，我偷偷把前几年省、市录用的稿子全都拷到U盘里，去外面的文印店打印了出来，利用晚上、周末等一切可以利用的时间，把厚厚几摞文章看了个遍，逐一研究分析标题、副标题、开头、行文布局，才摸索到“信息”的基本格式和套路。

而在写稿过程中，我让财税局提供初稿的人员发了很多的相关资料过来，细细研读，又和他反复沟通，询问业务细节，才理出头绪，把稿子推倒重写了一遍。写完之后，还是不太满意：标题、副标题不够漂亮，内容亮点不够突出。我又改了几遍，连晚上躺在床上都在苦苦思索，直到自己满意为止。

那篇稿子最终被省里录用，而我也凭借这一个月的出色表现如愿走上了文字岗位。

这人哪，还真是被逼出来的，当你没有退路时，只得赶鸭子上架，死扛硬干。不是等你有能力时才做某件事，而是你在做某件事的过程中获得了相应的能力。

4

第三段是我当网络电台主播的经历。最初，我在荔枝FM开了个人电台，只是用手机荔枝自带的录音功能录节目。录了几期，分享到朋友圈，大家都夸我声音好听，我也扬扬自得。其实那会儿，我听了十点读书几个主播的节目，深感和他们的差距巨大，可心里想的却是：我又不是专业的，怎么能跟他们比呢？我这样已经很不错了。

隔了几个月，我偶然遇到一位热心的主播潮羽，他建议我购买专业的设备："你的声音条件不错，真想好好干，就要用专业的设备，才能出专业的效果。"确实，手机录音有诸多局限：无法降噪、录错了只能重新录、配乐音量不可控，可想而知，用手机录的节目能好到哪里去。

听了专业主播的教诲，我马上在网上购买了声卡和话筒，开始自学音频后期制作。身边没有任何懂行的人，网上也找不到什么课程，只好自己摸索着使用音频软件，遇到困难就百度查资料，实在不懂的，再去请教潮羽主播，就这样在实践中一点一点地学习。一两个月后，我也能录出像样的节目了，而且越来越熟练，效率越来越高，录一期10分钟的节目加做后期，从一开始要花4个小时甚至更多，到后来一个半小时基本能搞定。

我开始收获越来越多的听友，也成了一些大平台的主播。有不少人问我：你是在电台工作的吗？我如实回答：不是。对方又问：那以前在学校广播台待过？我说没有，没有任何相关经历。大一时我倒是去应聘过学校的广播台，结果第一轮就被刷下来了。

可是，那又如何呢？只要我不把自己当新手看、当外行对待，不断学习、不断进步，我就能成为越来越专业的主播。我知道的一些人气很高的网络电台主播，都不是播音科班出身，纯粹是凭着对声音的热爱，铆着一股劲，一步一步走到了现在，在网络上开拓出一片天地。他们可以，我为什么不可以？

后来，一个几十万粉丝的情感公众号找到我，让我当他们的独家主播，每期支付一定报酬。“我听了你的声音实在太喜欢了，我会极力向我们的主管推荐你。”这个平台的小编说。合作很快就谈成了。

最初几期，小编反馈：“这期语速快了点。”“这期语速慢了点。”“个别发音咬字不准，下次要注意哦。”我突然意识到：我仍然把自己当“新手”，读稿子带有一定的随意性，我自以为我的普通话在南方人里面还算标准，但现在我得把中央人民广播电台那些字正腔圆的播音员当作标杆才行，我必须以更专业的精神对待这件事。

于是，在每期拿到稿子后，我会先通读一遍，遇到模棱两可的发音立马查字典搞清楚，再多读几遍，掐表看时间，寻找合适的语速。最终，我将语速控制在了 200 字 / 分钟左右，这对一个夜间情感类节目来说，是较为恰当的语速，而我的普通话水平也得到了很大提升。之后的节目，小编不再提任何要求，合作日渐成熟。

5

亲爱的姑娘，我的经历就讲到这里了。我只是个普通的姑娘，现在的人生也算不上成功，但当我在很多事情上不把自己当“新手”看待后，我展现出了连我自己都惊讶的能力，取得了连我自己都意想不到的成果。

亲爱的姑娘，我想对你说，人生中有很多事情，看似是能力问题，实则是认知问题。只要你不把自己当新手，你会发现你的潜力被无限激发，你可以做得和老手一样好，甚至比他们更出色。

你认真对待的每段时光，终不会辜负你

1

一位写作的前辈对我说，你有没有发现，你在乡镇这些年写材料的经历，其实无意间锻炼了你的文笔，磨炼了你的心境。

是吗？我有些愕然。曾有人说我开始得太晚了，如果早几年就在网络上写作，可能情况会跟现在大不一样，言语间颇有几分惋惜。

在开公众号之前，我在乡镇部门的文字岗位上干了很多年，写的文章是外人看起比较枯燥的领导讲话稿、汇报材料等。除了写文章，还包括会务工作、清明防火、防台风等杂七杂八的事情，加上我所在的镇属于当地的人口大镇和中心镇，工作量比一般乡镇要大好多。

那几年，我几乎每晚加班到 10 点多，周末也鲜少休息。

我印象最深的是有一次当地发生了一起私立幼儿园学生溺水事件，镇里决定第二天立即召开全镇学生安全工作紧急会议。那天晚上我一面四处打电话了解事情的来龙去脉，以便掌握准确信息迅速向上报送，一面打开 Word 开始写第二天会议的讲话稿。等忙完这些，已是半夜 12 点多。

回想自己在乡镇的几年时光，我不敢说自己做得是最好的，但我尽了最大的努力，问心无愧。但写到后面，我渐渐心生厌倦。离开那个镇之前，我对镇里的领导说，我想写点自己真正想写的文章，不想再在这些官样文章上消耗太多精力了。

而在听了那位写作前辈的话后，我翻看了自己以前写的日记，映入眼帘的那些矫情、语无伦次的字句，让我有点不敢相信这是自己写的。我终于发现：他说的是对的。

我在基层这几年付出的努力，看似没有得到自己想要的东西，其实得到了许多意想不到的收获。正是这些年几十万字的文字训练，造就了我现在规范、简洁、流畅的文风；正是这些年基层工作的历练，洗去了我身上的浮躁，使得我的文章接地气、不偏激、不浮华。

后来我凭着兴趣开通了个人网络电台。为了学习音频后期制作，我四处搜集资料、听网络课程，结果三个月也才学会了一点皮毛，一度做后期做到崩溃。这时我才追悔莫及：我居然被小小的音频后期难倒了，要知道我大学的专业课程里可是有视频剪辑课的。可当时的我觉得反正自己以后又不可能去电视台，这课程对我没什么用，也就压根儿没好好学。

回过头看，人生的每一段经历都是一笔财富，就看你当时是否认真对待了。星巴克创始人霍华德·舒尔茨曾说过这样一句话："每一段经历都为你的下一步做了铺垫，只是你不知道下一步是什么。"你当时觉得没用的东西，说不定过几年就派上了用场，不要等到需要的时候，才后悔没有珍惜当初的机会。

2

几年前，一个朋友带我去他的小老乡的店里吃过桥米线。店主是个20多岁的小伙子。闲聊中，我了解到他做过快递员、洗车工、餐厅学徒，最后倾全家之力开了这家店。为方便联系，我加了他的微信。有天晚上加完班，我在微信上跟过桥米线的店主说准备去他那里吃米线，谁知他支支吾吾地回答：“天太冷了，我看店里也没什么生意，已经关门了。”我不禁犯起了嘀咕：这哪里像做生意的样子，没生意你至少也得守着店啊，你门都关了哪里来的生意？

之后，他频频群发消息让我帮忙点赞，无非都是为了一些小礼品、小优惠。我不堪其扰，删除了他的微信，心想：不把心思放在自己的店上，却为了一些蝇头小利动用朋友圈资源，这店迟早要倒闭。

果不其然，不到半年他的店就关门大吉了。

这让我想起另一个朋友小西。他当过培训讲师，学过摄影、花艺，然后加盟开了一家园艺中心。他的店开业当天就破了公司的日销售纪录，大半年来生意异常火爆，赚了个盆满钵盈。

两个同样都是换了多份不相干工作的人，为什么会有截然不同的结果呢？原因在于开米线店的小伙子做什么都是敷衍了事、得过且过，而我的朋友小西对待每一份工作、每一段经历都是踏踏实实、尽心尽力地去干。

他当培训讲师时，是他们公司的最佳讲师；他学摄影时，是老师的得意门生；他学花艺、开园艺中心时，不但苦心学习手艺，也做了详尽的市场调研。他的店开张后，他当培训讲师时练就的口才、他的摄影技术都得到了充分施展，别人听他的介绍，看他在朋友圈发的赏心悦目的照片，往往会心甘情愿掏钱买他的花卉植物。

3

好像在这个时代，大家都变得比以往更为焦虑。而一些人的言论，则加剧了大众的焦虑。他们叫嚣着：“选择比努力更重要，你失败不是因为你不努力，而是你没站在风口。”“30 岁还没房没车，你还守着这份半死不活的工作吗？”

于是很多人努力了一段时间，看不到成效，就会怀疑：是不是自己努力的方向不对？然后就放弃了努力，去不断寻觅所谓的风口。可在这个瞬息万变的时代，上一秒是风口，下一秒可能就是深渊，若没有足够的实力作支撑，即使有幸撞上了风口，也很快会在风向转变后摔得头破血流。

我们看到，很多人红得快，没落得也快；财富来得快，去得也快，“眼看他起朱楼，眼看他宴宾客，眼看他楼塌了”，这几年这样的事例并不鲜见。

对于很多人来说，人生的路，不是规划出来的，而是摸索着走出来的。你在做一件事的时候，并不能预料到这件事将来会产生怎样的影响。也许要到很多年以后，你回过头看，才发现过去画下的那一个个点，终于串成了一条线。

而我们所要做的，就是对每一段时光、每一段经历认真对待，全力以赴，让每一个点画得更有力，更突出，更动人。

你认真对待的每段时光，终将不辜负你。

潮湿的羽毛，
奋力飞向梦想的远方

“你为什么叫潮羽？”

“潮湿的羽毛，想要飞翔在渴望的蓝天里，必须承受生命额外的重量。但因为羽毛还在，因为心怀希望，面朝阳光，总有一天，我也能到达梦想的远方。”

1

潮羽是我最初在荔枝开电台时认识的主播。某天深夜，我突发奇想，问他名字的由来，他如是回答。

这个问题打开了他的话匣子，他娓娓道来，讲述了自己的经历，从安徽小城一名默默无闻的电台小主播，到小有名气的职业配音演员，再到颇有名气的网络电台主播的过程。

那一年，潮羽大学毕业，参加家乡的电视台主持人大赛，获得了第一名。大学时的潮羽就热衷于主持，是学校主持社团的社长，多次主持了学校的各类晚会节目。凭借着这次比赛的出色表现，他顺利进入了当地市广播电台工作。在电台，他除了每天兢兢业业做好本职工作，还积极主动为前辈们打杂，他们也很乐于把自己的知识传授给他。台里的领导和同事都非常喜欢这个勤奋好学的小伙子，他的事业顺风顺水，同事相处融洽。

但一年之后，他毅然谢绝了台里领导的挽留，辞职去了省城合肥。在这之前，他总有一种施展不开拳脚的感觉，这不是他想要的工作和生活。最重要的是，他偶然间听了一次别人的配音，便对这个行业产生了浓厚的兴趣。“我要去省城搞配音。”他的心里有个声音坚定地对他说。

离开了体制的保护，他跟许多刚毕业的大学生一样，重新投简历找工作。他的目标很明确，就是要进配音公司。然而，现实给了他沉重一击。几个月来，他投了无数家配音公司，却屡屡碰壁。很显然，没有哪个公司会要一个既非配音专业，毕业又毫无配音工作经历的门外汉！

有一天，他走进一家初创的小配音公司。在录音棚简单试了几句，对方又要打发他走。“我特别愿意干配音，只要能让我留下来，工资低一点也没关系。”潮羽近乎是用哀求的语气说。那些成熟的配音公司根本不会考虑他，如果这家公司再不行，他恐怕真的无缘配音圈了。

公司老板还是摇了摇头。

就在潮羽垂头丧气、准备离开的时候，一个配音演员对他说：“你能不能帮个小忙？有个演员临时有事没来，他的角色没人替，你帮我配一下，就两句话。”

这是一个太监的角色。

潮羽克服了紧张的情绪，拿出破釜沉舟般的决心配了这两句台词。

也正是这两句太监的台词，让公司看到了他声音的可塑性。加上他普通话标准，又有电台的工作经历，他最终留了下来——以不拿工资的学徒的身份。

进入配音公司的潮羽抓住一切机会玩命学习。通过看公司以往的配音作品、看老员工如何配音，自己一边跟着嘀嘀咕咕练习，一边揣摩他们的发声、讲话方式和配音技巧。一周以后，他从学徒转为试用期员工；很快，他就能胜任一些动画配音了；三个月不到，他如愿转正成了正式员工。

“想不到吧，我是靠一名太监的角色进入了配音圈。”潮羽有点哭笑不得。

“你要感谢这个太监啊，若是其他普通角色，说不定他们还发现不了你的潜力呢！”我打趣道。

在配音圈站稳脚跟后，潮羽开始在网上接一些配音的活做兼职。白天，他在公司的录音棚工作；深夜，他在自己租的小阁楼里用一台很破的电脑、很烂的设备做兼职的活。最难熬的莫过于夏天，初创公司简陋的录音棚让人一进棚就是一身水，出来就气喘，晚上闷热的小阁楼迟迟散不去暑气，他躺在滚烫的草席上辗转反侧。但他一点也不在意这些苦和累。

就这样，他一做就是三年。这三年，他总共完成了200多部动画配音、100多部广告专题配音；这三年，他拼命工作，经历了很多的出差和加班，工作能力得到认可；这三年，他遇见了爱情，经历了甜蜜的恋爱，最后却以分手告终……这三年，他好像经历了所有的成长。

2

三年之后，在配音圈混出了些名气的潮羽正式辞去了配音演员的工作，靠网络接活养活自己。

又过了两年，他在喜马拉雅、荔枝等各大网络电台平台，开了一档叫“365 读书”的节目。对于电台，他始终有一种特殊的情愫。家乡的那个广播电台，是他的梦开始的地方，尽管离开多年，他依然非常感激那段时光，正是那一年的电台工作经历，使得他打下了扎实的基本功。而今风生水起的网络电台，又给了他一次圆梦的机会。

很多以前的同事跟同行都好奇地问潮羽：“没有人发工资，没有钱，是什么支撑着你做网络电台节目的？”潮羽笑了笑，不知道怎么回答。如果说，他不在乎钱，这话显然有点假。但总有些东西比钱更重要吧！他喜欢播音，喜欢阅读，心里需要有一个空间来回归自己，他觉得很快乐。

他就这样快快乐乐地做着，一年 365 天，每天雷打不动更新一期，成了名副其实的“365”读书。

最初的一两个月，没什么粉丝，他不以为意。从一开始，他就决心要把“365 读书”打造成一档有灵魂的读书节目。潮羽大学读的是中文系，对文字有着挑剔的眼光，他坚持分享蒋勋、林清玄、汪曾祺、海明威、村上春树、契诃夫等名家的散文和作品，在一片喧嚣浮躁的网络世界中，犹如一股清流。

幸好，优质的内容自有它的市场。三个月之后，粉丝慢慢多了起来，半年之后，粉丝群体迅速壮大，而今，他的“365

读书”微信公众号已拥有20多万粉丝，“365读书”在喜马拉雅等各大网络电台平台的粉丝数达到了100多万，播放量超过了2亿。这档他最初没想着赚钱的电台节目，最终给予了他较为丰厚的物质回报。而更重要的是，他从中收获了巨大的成就感：有数不清的粉丝给潮羽留言，感谢他的声音温暖着他们的每个晚上，感谢他选择的那些好文章让他们度过了迷茫期。

3

如今的潮羽，一边接配音的活，一边经营着网络电台，两样都是他喜欢的工作，他也是别人眼中羡慕的自由职业者。

他告诉我，现在很多人太浮躁，太急于求成，他们只看到我飞翔在梦想的天空中，又有多少人看到我拍打着潮湿的羽毛，承受着生命额外的重量，日复一日地飞行练习呢？

成功并没有捷径可走，唯有靠坚持不懈的努力和不断微调的方向，才能最终抵达成功的彼岸。

偏执
能让人活得更好

1

最早，我是从小武口中知道的阿扎。据小武说，他的这位朋友，出身干部家庭，却偏偏天生反骨，不走寻常路，活得任性而洒脱。

阿扎与我年纪相仿，但已然是个有着 10 年徒步经历的老驴友，大江南北走了很多地方。对于从小按部就班读书又进了毫无想象力的体制内工作的我来说，他就像是另一个世界的人，这让我产生了强烈的好奇心。

和阿扎第一次吃饭，是冬天，在一家小饭馆，点的酸菜鱼——这道菜也成了以后我们聚餐的必点菜。那天阿扎说起自己读书时，作文特别好，数理化却是一塌糊涂，语文老师把他当作宝，数学老师视他若根草。我于是得意地甩出高考数学“140+”（总分 150 分）的成绩，秀了一把“学霸”的优越感。

后来的事实证明，我的优越感是多么肤浅可笑。

那天晚上吃完饭，阿扎背着个非洲鼓说要去地下通道卖艺，我将信将疑地看着他，说：“就你这水平？要不我假装路人投个五毛？否则没人捧场岂不是太尴尬了。”他坚决不让我去看，说是有熟人在不好意思。

第二天他发了张图秀昨晚的战利品：“喔，不止有五毛，一块的硬币也有，还有五元、十元的纸币。”我打趣他找到了一条生财之道，他说只是为了更好地练习非洲鼓罢了，在家不能练太晚——扰民。

其实，我并不了解阿扎的非洲鼓到了什么水平，我只知道他学非洲鼓才两个月，而且也没找什么老师，只是根据网上的一些视频自己摸索、研究打法，所以下意识里觉得他的水平应该不怎么样。

然而，我错了。阿扎埋头练习了几个月后，把自己打非洲鼓的一些视频上传到网上，居然引起了不少人的关注，这其中就有一位专业教打鼓的张老师。张老师如获至宝，把阿扎收到门下，悉心指导。

自此，阿扎跟着张老师勤学苦练，除了练非洲鼓，还恶补乐理知识，往往一学就学到深夜两点多。他对认定的事情有种近乎偏执的疯狂，每天练鼓至少 6 个小时，就算练到手筋受伤、手掌开裂也毫不在意，按照他自己的说法，他练一个星期起码相当于别人练两个月。

不到一年的时间，阿扎就成了我们当地非洲鼓圈小有名气的人，找他学习的人络绎不绝。

2

我们再次碰面是夏天了。那天阿扎穿了条在演出非洲鼓时才穿的花花绿绿的民族风裤子，招摇过市，高调地宣布："10 月份我要去走新疆的狼塔。"接着他兴致勃勃地描绘起狼塔的情况……信息量太大，我只顾埋头吃酸菜鱼。

大学毕业后，阿扎换过很多份工作。与其说是工作，不如说是谋生的手段，每次他都是赚够路费就上路，拍照，回家写故事，靠着稿费和微薄的工作收入再次回到路上。从拉萨到格尔木，从西宁到德令哈，从昆仑山到天山……这些年，他孤身一人，走了无数的地方。而他去的最多的地方，就是西藏。在那里，他遇见了许多人和事：养藏獒的岚子、帮助过无数背包客的拉姆阿沁、在西藏找回自己的落魄富二代、西藏的孩子们、相识于318相忘于318的情侣……这些故事，我都是从他的文章里读到的；那时候我在懒人听书开了个电台，叫“不一样的藏漂故事”，我是主播，他是供稿者。

我看着阿扎一张一合的嘴，许是长期熬夜的缘故，他的黑眼圈很重，但他的眼睛里闪着兴奋的光，然后我模模糊糊地听到他说至今徒步穿越狼塔的人寥寥无几，外界称之为“无人区”，他要去挑战“无人区”。

我突然意识到他这次要去的地方非同寻常，不是一般地危险。

我放下了手中的筷子，问他：“你真的要去吗？”

阿扎一脸不屑：“废话，老子决定的事谁也阻拦不了。”

阿扎决定走狼塔后，他当时的女友很害怕，百般阻挠。但他一意孤行。

张老师也劝他，现在想学非洲鼓的人非常多，我们一起合作办班教学，不要去走狼塔了，你也该安稳下来了。他说，等我从狼塔回来。

他紧锣密鼓地做着出发前的所有准备：查阅大量资料，研究透了狼塔所有的路线难点和徒步中的注意事项，做知识上的准备；根据行程规划，一点点购买徒步装备和食粮，做物资上的准备；负重登山拉练，做体力上的准备。

出发前，他和女友分手了。“不管交了什么样的女朋友，每一次上路之前，都要分手，这似乎已成了一种诅咒。”阿扎有点无奈。我想了想，说：“也许这是你潜意识里主动选择的结果，你不想有太多的牵挂和羁绊。”

他义无反顾地踏上了狼塔之行。

他在狼塔待了五天四夜，差点被呼图壁河水冲走，从一个近 70 度斜坡的雪山羊道直直摔下，与一头狼对峙了整整一个晚上，途中遇见了从白杨沟达坂撤回的三个人，听了他们的劝说后，没有执意继续前行，而是走了原路返回。

他最终没有穿越狼塔，但这次徒步对他人生的意义是巨大的。

3

回来后，阿扎像是变了一个人。他发现，即使身处山高雪白的无人区，他依然牵挂着外面的世界，想念着他的父亲，想念着他那帮不离不弃的朋友，想念着外面的一切。他以为自己是孤独的，是不怕死的，是喜欢离群索居的，可是在人迹罕至的狼塔，他无时无刻不在想着：不想再独自一人待在无人区了！“如果没有死过，我根本就不懂得，原来，活着，就是最大的幸福。”他在文章中写道。

在这篇文章里，他第一次写到了他的父亲。

当所有人都反对他去狼塔找死的时候，只有他的父亲没有反对，而是默默地搜集资料，帮他一起规划路线，不断告诫他种种危险之处。这些年，阿扎走西藏，徒步 318，徒步青海湖，徒步狼塔……他的父亲从来没有阻止过他想做的事，他想去的地方，他想完成的梦想。“这是全天下所有的父亲都难以做到的。毕竟没有哪个父亲愿意让自己的儿子去送死。”

看完阿扎的文章以及他在狼塔无人区拍摄的视频，我的内心久久不能平静，我对他说：“你有一位伟大的父亲。”

“哎呀，我一直不太愿意写他，大老爷们，太煽情了。”他又恢复了那副吊儿郎当的模样。

4

有几次我和阿扎因为对一些事的看法不同、观点不合，从而起了争执，我气愤地说：“你这个人太偏激了，简直是个偏执狂！”

他不依不饶：“我就偏执怎么了？我如果不偏执，如何能走到今天？唯有偏执狂才能成功，懂不懂？”

今年，阿扎十年行走经历写成的书出版了，他的非洲鼓学生越来越多，他还要去参加全国非洲鼓大赛，他成了我们当地小有名气的旅行作家和非洲鼓讲师。

他能有今天，确实离不开那股偏执的劲。

现在回想起阿扎说的“唯有偏执狂才能成功”，我发现这句话虽然存在一定偏颇，但也不无道理。“偏执狂”身上的那种恒心、专注、毅力等品质都是值得我们学习的，任何一件事想要做成功，也确实需要这种不管不顾、死磕到底的偏执精神。

愿这位“偏执狂”朋友走得更远。

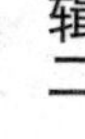

辑二

哪怕脚踩泥泞，也要伸手摘星

心若明媚，一地都是阳光

1

日本作家东野圭吾的小说《解忧杂货店》里有这样一个故事。从小家境优渥的浩介上初中时遭遇家庭变故，父亲的公司欠下巨额债务，迫不得已要举家外逃躲债。那一年，浩介最喜欢的乐队——披头士乐队也解散了。作为披头士乐队的忠实粉丝，浩介在夜逃前一个人去东京的电影院看了有关披头士乐队解散前开的演唱会的纪录片电影《顺其自然》。看完电影，浩介很失落，他觉得披头士乐队成员之间的心已经疏远了，演出也是乱唱一气。

回到家，浩介把搜集来的披头士乐队所有的唱片低价卖给了一个朋友。而在全家夜逃途中，他更是做出了一个惊人的决定：他逃离了父母，最后隐姓埋名在孤儿院长大。

很多年以后，浩介回到家乡，在一家小酒馆里，他得知了当年自己逃走后父母为保护他双双自杀的消息，悔不当初。当他再次看到这部电影《顺其自然》的录像时，电影里的披头士却和浩介记忆中的不一样了。此时重看，浩介觉得四名成员都在全力以赴地演唱，看上去也乐在其中，哪怕解散就在眼前。

在电影院看的时候，浩介之所以觉得演出很糟糕，大概是源于自己的心境。当时，他已经不相信真情了。

2

大学刚毕业的时候，我到了浙江天台一个偏远的山区乡镇工作。我们办公的房子是人民公社时期留下来的，墙上某某公社的字迹依稀可见，一楼到二楼是木楼梯，踩在上面嘎吱作响，即便在那个山区，周围比这差的房子也不多见了。我们所处的地方叫寒山湖风景区，那个时候这个景区还没什么名气，虽然对外免费开放，但是来的人寥寥无几。那会儿工作也不忙，有大把的时间可以发呆、晒太阳、看风景。

只是，一心想要逃离的我，只觉得日子苦闷，哪怕寒山湖就距离我没几步路，我也很少去看它，更谈不上欣赏。那湖，那山，那树，就像一道道藩篱，一重重魅影，紧紧包围着我，压得我喘不过气来。

不知道为什么，印象中那个时候老是下雨。我尤其讨厌冬天，山区的冬天格外冷，加上下雨，又冷又湿，有好几次，新买的雪地靴不小心踩在泥地里，就这样被毁掉了。

当我好不容易有了机会，我便毫不犹豫逃离了那个地方，头也不回，没有半点留恋。

离开那个地方之后，又过了几年，我偶然在微信公众号上看到了一篇写寒山湖的文章。在作者的笔下和镜头下，寒山湖“碧波荡漾，群山如黛，倒影如画，风光旖旎。可以晨观朝曦，烟波摇红；夕送落霞，浮光耀金；夜赏明月，静影沉璧；一个美得让人发呆的地方”。

我看着那一张张美得让人窒息的照片，不禁怀疑：这是我待过的地方吗？

经过与作者的一番交谈，我得知他是来自上海的旅行摄影家，无意间发现了寒山湖，因为太喜欢，他干脆在寒山湖旁边住了下来。从清晨到傍晚，从春天到冬天、晴天、阴天、雨天，他拍了无数张寒山湖的照片。在他不遗余力的宣传下，那个地方如今已经成了东部小有名气的“徒步天堂”。

我问他：“你从繁华的上海到这个偏僻落后的山区不会不适应吗？”他说：“不会啊！这里民风淳朴、闲适清静，我每天都有发现不完的原生态风景，乐趣无穷。”

我不由得想起了那句话：你看到的世界，是由你的心境决定的。

心若明媚，一地都是阳光；心若阴郁，一地都是鸡毛。

3

《解忧杂货店》里的浩介在举家夜逃途中逃离了父母，他觉得父母不再可靠，尤其是他的父亲。可就像他求助的杂货店的浪矢爷爷说的，外逃躲债这种行为虽然不太妥，但是父母应该也有他们的考量，他们相信，只要一家人的心在一起，总还是有希望的。而在我眼里“穷山恶水”的地方，在大摄影师眼里却是“世外桃源”。我在那里灰头土脸，郁郁不得志，待了几年毫无收获，他在那里如鱼得水，开创了人生新事业，拍了片，出了书，开了工作室，名声在外。

我突然明白了：不论我们选择了怎样的生活都不可怕，可怕的是我们的心灵。

作家汪曾祺曾写过一篇文章叫《随遇而安》，开头便是“我当了一回‘右派’，真是三生有幸。要不然我这一生就更加平淡了”。在文中，汪老写了自己被打成右派后下放农村的经历。其中有一段在沽源马铃薯研究站画《中国马铃薯图谱》的日子，汪老称之为“神仙过的日子”，因为没有领导，没有其他人，自己管自己。他的工作从画马铃薯花、马铃薯叶子到画薯块，“画一个整薯，还要切开来画一个剖面，一块马铃薯画完了，薯块就再无用处，我于是随手埋进牛粪火里，烤烤，吃掉”。明明是在一个偏僻的“绝塞孤城”孤身一人靠吃马铃薯充饥的经历，汪老却过得兴致盎然，这份随遇而安的心境，值得太多人学习。

4

很多人总是对当下的生活诸多抱怨。然而，你越抱怨，生活越糟糕，你也更难摆脱你讨厌的现状。

当你坦然接受当下的生活，以积极的心态去面对，反而更容易脱离目前的状态，迈上一个新的台阶。

其实，你过的每一年、每一天、每一刻，都是你人生的组成部分。为什么总想着将来要怎么样怎么样而委屈了当下，把人生过成了一地鸡毛呢？

回想我在山区的那几年，如果我心态更平和些，我可以多读几本书，多看几部电影，多写一些文章。可我偏偏每天处在焦虑之中，什么事也干不成，什么事也干不好。

好在如今，我总算能坦然接受当下，享受当下了。

中午躺在车里休息，阳光透过树叶的空隙洒在我身上，耳边不时传来小鸟叽叽喳喳的叫声，脑海中不由得浮现出四个字：岁月静好。

哪怕脚踩泥泞，
也要伸手摘星

1

在乡镇工作时，有一年教师节，镇里决定跟另一家单位联合搞个活动，让我与那家单位负责这项工作的老陈对接。合作过程中，忘了怎么起的头儿，老陈聊起了他的初中英语老师。他说他上初中时看不懂英文的音标，很多发音都是用中文标注的，英语老师看到了他课本上每个单词下面小小的中文字，把他骂了个狗血淋头，还罚他站了一节课。从此，他对英语完全失去了兴趣，英语考试完全靠蒙，从来没有及格过。因为英语太差，他上了个不太好的高中。到了高中，英语对他来说越发像天书一样，加上学校学习氛围不好，最后也没考上大学。

“我真是恨死那个英语老师了，如果换个老师，我的英语也不会那么差，如果我的英语好一点，我也不会考不上大学，我现在也不至于混得这么差！”见他愤愤不平的样子，我便安慰他说：“你现在的工作不也挺好的……”“好什么好，我只是个临时工，因为文章写得好才被特招进来的，不像你啊。”他语气酸酸的。我不再说话了。

后来我才知道，他跟好多人讲过他的初中英语老师的事迹。听得多了，有人就不耐烦地怼他：“是是是，都怪你的英语老师，害得我们这里少了一名出色的外交官。”还有人偷偷给他取了个绰号，叫“祥林叔”。

虽说他的那个英语老师体罚学生的做法是有些不妥，但把自己之后的失败人生如此理直气壮地一股脑儿归咎于别人身上，我还是第一次见。说难听点，这样的人，即便他侥幸考上了大学，往后一遇到什么小挫折，照样一蹶不振。

尽管我曾说过“读书是改变命运的最佳途径”，但我认为的“读书”，不单指学校教育，还包括步入社会后持续不断的学习。假如由于种种原因读不了大学，也不代表人生从此就是无尽的黑暗。我见识过很多没考上大学的人，付出了超出常人的努力，一步一个脚印，迈向了理想的生活。

2

我和小武曾跟一位书法老师项老师学过几个月的书法。项老师比我们大不了几岁，渐渐地，我们成了要好的朋友。熟悉了之后，我才知道，项老师在当书法老师之前，竟然是一名机械厂工人，而他的书法，完全是自学成才。

那一年，项老师高考失利，家里的条件无法负担他复读。无奈之下，他和当地的许多青年一样做起了机械学徒工。此后多年，他辗转于各家私营机械厂做铣床工，机械厂的工作几乎没有休息日，到了旺季还经常加夜班，而且车间环境嘈杂，满是灰尘。在一干工人里，项老师沉默寡言，独来独往，显得格格不入，那些工人一有空就聚在一起打牌、搓麻将，而他对这些没有丝毫兴趣。

项老师并不满足于做一名机械工，晚上回到家，哪怕时间再晚，他也要练一会儿书法。项老师自幼喜爱书法，可惜没有正儿八经拜过师，写得比较随性。当了机械工人后他想拜师学习，可环顾四周，小镇上没有什么像样的书法老师。项老师并没有气馁，他想到，书法的最高水准是在古代，没有老师教，就自己向古人学习吧！于是他认真研读各类名人碑帖，仔细揣摩每个字的长短、粗细、斜正、架构、起笔、转折，并进行严格的临帖训练。

有很长一段时间，项老师的字都没什么大的长进，周围人也对他冷嘲热讽，嘲笑他一个工人还假装书生，嘲笑他不想着赚钱却练这些没用的字。项老师一心练书法，没空理会那些闲言碎语。白天工作不忙的时候，他就在机器的轰鸣声中回想碑帖上的字，在心里写字。有的人看他盯着转动的机器发呆，还以为这个人傻愣愣的。

几年后，项老师的字开始突飞猛进，像是小孩到了青春期，他每天都可以觉察到自己的字在进步。又过了几年，他试着把自己的一些作品拿去参赛，没想到居然获得了一些奖项。项老师的书法渐渐小有名气，找他写字的人也越来越多，他的小楷最受人欢迎，有学者称赞他的小楷清新隽永、灵秀流美。

如今，项老师已成为多家公办学校的书法老师，并创办了自己的书法培训班，报名的学员络绎不绝，甚至有学员大周末驱车近两百公里慕名前来，只为了能接受他一两个小时的当面指导。

从一名机械厂工人到一名书法老师，项老师整整用了 18

年的时间。我曾问过他，是什么驱使你十几年如一日，在经历了白天高强度的工作之后，晚上还能坚持练习书法？项老师笑笑回答：一方面是自己真心热爱书法，另一方面也是不甘心一辈子当个机械工人。

3

今年，一篇《我是范雨素》的文章在全网走红了，于是人们知道了这个四十多岁、初中学历的农村妇女的故事。她离婚带着两个女儿，在北京做育儿嫂，利用闲暇时间写下了10万字的文章。很多人惊讶于范雨素的文笔，我却并没有太多的惊讶，因为身边就有项老师这样的例子。

事实上，在我工作过的小城镇，在那些我以为“低端”的制造业企业中，还隐藏着不少写作、书法、绘画人才。他们中有部分作品的水准相比一些专业人士也一点不逊色。虽然他们中的大部分人没有像项老师一样能够以自己热爱的事业谋生，但是工作再苦再累，他们也要留一点时间给这些不赚钱的爱好。他们的人生和工作可能看起来没有那么“高大上”，但他们没有放弃对美好事物的孜孜追求，即使身处沟渠，依然仰望星空；哪怕脚踩泥泞，也要伸手摘星。

著名广告人李奥·贝纳说得好：“伸手摘星，即使徒劳无功，亦不至满手污泥。”

奋斗，
你要找到最舒适的姿势

看到题目你也许会问：什么？奋斗还有舒适的姿势？

是的，奋斗并非一定要“头悬梁，锥刺股”般的自虐姿态，你要找到最舒适的、最适合自己的奋斗方式，如此，才能走得更远。自虐的奋斗姿势，可能坚持得了一阵子，却坚持不了一辈子。凡是不可持续的奋斗，在我看来都是“伪奋斗”。

那么，什么才是最舒适的奋斗姿势？我认为至少要遵循两个原则。

第一个原则：晚睡不如早起。

有位刚毕业不久的“90 后”曾跟我说，年轻就是要熬夜，熬最晚的夜，用最贵的眼霜。我说那是你还年轻啊，等到 30 岁，你就熬不起夜了，你熬的夜，第二天都写在脸上，再贵的眼霜，也遮不住你浓浓的黑眼圈。

但也奉劝二十多岁的年轻人，不要仗着自己还年轻就肆意熬夜，你熬过的夜，总是要还的。这样的忠告你可能已经听过无数次，但不等身体敲响警钟，很多人都不会当回事。

某天早上，一个以“拼命三娘”著称的情感作家突然在好几个写作群里连发了好几条消息：不要熬夜，不要熬夜，不要熬夜。后来看她的公众号，才知道她由于长期熬夜，那天早上突然全身发麻，说不出一句话来，最后住了一个星期的医院身体才恢复一些。她第一次感受到死亡离自己那么近，对以前不管不顾熬夜的行为追悔不已。

我有个做建筑设计的朋友，他自嘲是“画图狗”“熬夜狗”，加班画图到凌晨三四点是家常便饭，然而，年底考核的时候，他却被扣了奖金。我百思不得其解：我以为你都可以去评劳模了，难道你们的同事个个都睡办公室？

细问之下，才知道原来他因为前一天晚上加班太晚，第二天经常 10 点多才去上班，老板说他出勤状况不佳。

我笑话他：你这是加班没被人看见，迟到都被人撞见了。

然后我劝他：以后加班，你可以选择早点睡，第二天四五点再起来画图，相同的睡眠时间，在这个时间段睡更有利于身体健康。

这就是我一贯的主张——晚睡不如早起。

我在乡镇从事文字工作时，经常遇到下午临下班时突然接到个任务，要赶一个汇报材料，第二天上午领导就要过目。哪怕当天晚上没写完，到了12点我也强迫自己睡觉，4点再起来写，写完如果离上班时间还早，再补个半小时左右的回笼觉，这样白天上班就不会受到太大的影响。

其实，带着工作入眠，你在睡梦中无意识还在思考，我有时候前一天晚上写到一半卡壳了，第二天拿起写忽然就文思敏捷，下笔如有神助。

去年12月中旬我刚接手一个情感号的录音任务时，由于一周要录五期，加上自己的电台还要更新，一时间手忙脚乱。每天晚上做完后期就12点半了，等洗漱一番躺床上就1点了。这样过了没几天，我有点吃不消了，晚上睡不着，白天无精打采。于是我调整了下时间，晚上11点前把文章录音录好，第二天5点半爬起来做后期，如此，才恢复了一些。

话说回来，很多优秀的人都是早起的拥趸。首富王健林4点就起床，日本著名作家村上春树也是9点半就睡觉，4点半开始写作，几十年如一日，雷打不动。

这不是要大家也4点起床，而是尽量把睡眠的时间往前推。每个人需要的睡眠时间是不同的，每个人的作息习惯也是不同的，对于某些常年熬夜的人来说，12点睡就算早了，要强迫他 10 点睡，是件不现实的事，但出于对健康的考虑，调整到至少 12 点前睡，是非常有必要的。其实，有些人的熬夜只是摆出了一副奋斗的姿势，感动了自己，却收效甚微，还不如早点睡吧！

第二个原则：专注做好一件事。

现在流行一个词叫“斜杠青年”，指的是拥有多元职业和身份的人群。但在我的朋友言晓看来，“斜杠”指的不单单是身份的增加，并不是说白天上班、晚上做微商就是“斜杠青年”了，而是对自己基本技能的不断升级开发，不断找到适合自己技能的运用场景。比如言晓用写作技能从事文案工作时，他的身份是文案工作者，他利用工作之外的时间开了一门文案课程，这时他的身份变成文案讲师，同时，他还在撰写一本有关职场的书，他的身份变成职场作家，他的技能可以适用三个场景。他的三个身份，并不是完全割裂的身份，本质上，他还是在做一件事，专注于提升一种技能，只不过他让这种技能多场景化了。

有句俗语叫：样样能，件件差。什么都做，可能什么都做不好。

去年下半年，我一时兴起想学尤克里里，便兴致高昂地去朋友的琴行买了把尤克里里，每晚对着视频教材自学，然而没过几周，学琴的事就被我抛到脑后了。现在，我那把尤克里里已经躺在角落里吃灰吃了快一年了。每次看到它，我就会想起买琴之前朋友的警告：学琴贵在坚持，千万别三分钟热度。

虽然不幸被他言中，但我对自己学琴的三分钟热度倒也释然了。我分析利弊，对于天生精力不旺盛的我来说，必须把精力专注到一件事上，才能有所成就。

从长期目标看，写作是我的挚爱，我所做的任何事情，都将围绕这个目标展开：我给自己的文章录音，也是希望通过声音把文章传播给更多的人，同时增加粉丝的黏性。

从短期目标看，目前我最重要的事情是完成新书的书稿，经营好个人公众号，吸引更多的人关注我的公众号。

也许以后有一天我还会拿起尤克里里，但是现在的时间和精力都不允许我这样做；也许以后有一天我还会拿起尤克里里，但也仅仅是作为业余爱好，并不会花太多的精力；亦或许，我的尤克里里就这样一直躺在角落里吃灰了，我也不再有愧疚心理。

因为人这一辈子，做好一件事就不容易了。

人生不是一次短暂爆发的短跑，而是一场比拼耐力的马拉松。短期的激情和“自虐式”奋斗也许能成就一场突击，但马拉松则需要的是恒久如常的奋斗，你要合理分配各阶段的体力，跑到最后，笑到最后。

遵循以上两个原则，我相信，你一定能找到最适合自己、最舒适的奋斗姿势，而后，持之以恒，行走在奋斗的路上，直至到达理想的彼岸。

低谷期的积累，决定了人生的高度

文友中有一位工科博士 C，开通公众号没多久就写出了好几篇“爆文”，文章被一千多家公众号转载，惹得众人既羡慕又眼红。

有一天我向他请教写作秘诀，他有点不好意思地回答，好像也没什么秘诀，可能是运气好，有些观点刚好切中了读者的痛点。“说实话，这几篇文章受欢迎有点出乎我的意料，我写了那么多年网络小说都没这种待遇呢！”接着，C 跟我讲述了他的写作经历。

C 虽然读的是工科，但对写作有着很高的热情。读研读博期间，他一直在一家网络小说平台写连载，晚上 11 点从实验室回到宿舍就开始写，一直写到凌晨一两点。周六周日继续窝在宿舍写小说，连博士论文答辩的时候都没有停笔。

他连续写了 7 年，一共写了几百万字，虽然到第五个年头和网站编辑签约了，有了少许稿费，但始终没写出什么名气——这个行业站在金字塔顶尖的人毕竟是极少数，还有大量的像 C 博士这样写了很多年没有写出头的。

听了 C 博士的经历，我明白为什么他的文章能很快“走红”了。网络小说和新媒体写作看似是两种不同类型的文章，但写作都有相通的地方，也就是说，其实他不是随便写了几篇就走红的，而是写了七年多才有了如今的小小成就。

没有谁是随随便便成功的。

《生活大爆炸》中饰演谢耳朵的演员吉姆·帕森斯在接到谢耳朵这个角色前当了万年龙套演员，他从圣地亚哥大学古典戏剧硕士毕业后，从酬劳少得可怜的广告和舞台剧开始做起，参加过无数次试镜，哪怕是最小的角色他都竭力争取。

李安导演在成名前做了 6 年家庭“煮男”，他在这 6 年期间看了大量书籍和电影，埋头狂写剧本，特别是写出了改变自己命运的两个剧本《推手》和《喜宴》。这段家庭“煮男”的经历也成为日后他另一部代表作《饮食男女》的灵感来源。

画家齐白石 14 岁当木匠，25 岁拜师学习绘画，32 岁学习刻印，42 岁终于确定写画风格，由工笔画转为写意画。直到他在北京卖画刻印期间结识了陈寅恪的兄弟陈师曾，陈师曾决定帮助这位“乡下老农”，为他的绘画宣传，他才一举成名。那年，齐白石已经 53 岁了。

……

这样的例子举不胜举。很多人只看到别人人前的光鲜亮丽，仿佛那些耀眼成就对他们来说轻而易举、唾手可得，却没有看到这些人在各自的领域已经默默耕耘了很多年。那段不为人知的低谷期的积累，才是决定一个人在高峰期能达到什么样高度的关键因素。

每个人的人生都有低谷期和高峰期，只不过有些人的低谷期短一些，有些人的低谷期长一些，有些人的高峰期高一些，有些人的高峰期也并没有多少高度。低谷期长一些，未必就是坏事，在低谷期积累得越多，在高峰期所能达到的高度就越高。我们看到有些人年少成名，却后劲不足，而有些人则厚积薄发，大器晚成，一旦成功，名震四海。

梁博 21 岁就获得了《中国好声音》冠军，但他却在这样一个人气顶峰期选择淡出公众视线，之后，传出他考研失败，在美国街头卖艺等零星的“负面”新闻，他被大众迅速遗忘。5 年之后，当他站在《我是歌手》的舞台，演唱了《灵魂歌手》《男孩》《日落大道》三首风格迥异但同样精彩的原创作品，大众看到了梁博从一名选秀歌手到原创音乐人的华丽转身。梁博的再次走红靠的是实打实的实力，在过去5年，他坚持苦练琴艺，专心写歌，做原创音乐，默默积蓄着能量。

曾看到一位前辈发在朋友圈的一段话，觉得很有道理。他说，机会和陷阱往往长着同一张脸孔，不到一定时候没有足够的辨识能力，某一个时段缺少机会往往会客观上帮助一个人平心静气地积累，韬光养晦，过几年回头看，甚至会暗自庆幸。而梁博则是主动拒绝了“好声音冠军”能够迅速带来的巨大财富和成名机会，从某种意义上说，他这5年的低谷期是他主动选择的，这不能不说是一种大智慧。想想当年的许多选秀冠军，经历了短暂的喧嚣后，现在又在哪里呢？当你没有具备一定的实力就遇见了绝佳的机遇，结果往往是提早消耗了自己。

因此，身处低谷时，不妨心平气和地接受它，坦然地面对它。你可能会说，道理都懂，做起来却很难。诚然，低谷期的日子是很难熬的。你觉得自己工作勤勤恳恳，业绩突出，可是一次次的提拔名单中都没有你；你以为自己才华横溢，文采斐然，可是投出去的稿件如同石沉大海；你觉得自己努力了很久，沉寂了好些年，总该时来运转了，可是并没有……这个时候，人最容易失去信心，产生自我怀疑。

我也有过低谷期。我毕业之后，从一个省会城市到了最基层的乡镇，而且一待就是 7 年。这期间，我也怀疑过自己，也曾彷徨过，沮丧过，无助过。但现在回过头来看，这段经历实际上也是一笔财富。在此期间，我读了大量的书籍，做了大量的文字训练，这些都为我如今的写作打下了扎实的基础。更重要的是，这段低谷期的体验和感受，洗去了我身上的浮躁，让我的心态变得平和。我开公众号后发现，有些人每天都很焦虑，焦虑自己的公众号粉丝迟迟上不去；有的人刚开始更新得很勤快，每天都推送，可是过了两三个月，就放弃了；有的人则总是跟别人比较："她写得也不怎么样啊！为什么阅读量就比我高？"虽然我的公众号目前关注人数也不算多，但我从没想过放弃，也不会跟别人去比较，想想自己 7 年在乡镇都过来了，还有什么是坚持不下来的呢？想想有些人比我早离开乡镇，现在发展得也未必比我好呀！你要努力，但千万不要着急。

不要歧视低谷期的自己。在低谷期就好好积累吧！要知道，弹簧压得越低，反弹动力就越足；黑夜再漫长，总有天亮的那一刻。

这个时代
恰恰缺的是“傻子”精神

1

朋友明明在看了阿扎的新书后，对阿扎的经历佩服不已，于是他向一家全国发行量很大的杂志报了选题，准备写阿扎的故事。选题通过后，明明找我牵线，想要采访阿扎。我说没问题啊，阿扎应该会答应的，这篇文章如果能登出来，对他的新书也是一次很好的宣传。

我不知道明明怎么对阿扎做的采访，但当他把写好的稿子发我看时，我简直怀疑他写的是另一个人。

我就一些有疑问的细节向阿扎求证后，才发现明明自作主张给阿扎加了不少“戏码”，比如写阿扎的父亲来阿扎的出租屋看阿扎，临走时偷偷给阿扎留了一万块钱，阿扎本来对父亲是很怨恨的，看到这一万块钱有点感动，思想松动了些。而事实上，阿扎父亲是来看过他的，但根本没有“一万块钱”这回事，他对父亲也不存在怨恨情绪，只是当时他的状态很差，不想让父亲看到。

我质问明明：“你这样自作聪明真的好吗？你写的是阿扎的故事还是魔幻小说啊？”

明明反过来教育我：“哎呀，没关系的，我写这类文章最拿手了，不加点料，故事怎么能精彩呢？”

我只有苦笑：“据我所知阿扎的真实人生已经足够精彩，我认为你要做的是深挖他的经历，而不是胡乱添加情节。”

转天，明明讪讪地告诉我，杂志编辑把他的稿子批得体无完肤。他把编辑的修改意见发我看，一万多字的稿件，上面是编辑密密麻麻的红批注。有意思的是，他给阿扎加的“戏码”几乎全被编辑标了红色字体，其中那个“一万块钱”戏码更是被编辑直接批评：这主人公的思想境界也太低了吧，看到钱就感动了？

本来编辑对这个选题抱有很大的兴趣，可现在看了明明的稿子，都开始怀疑阿扎的故事值不值得写了。

我倒有点幸灾乐祸了：人家可是全国发行量数一数二的

杂志，你以为编辑这么好忽悠啊？真的假不了，假的真不了，老老实实按照事实写吧！

所以，千万不要自作聪明，你的那点“小聪明”根本逃不过老江湖的法眼。哪怕你有再华丽的跑鞋，该走的路一步都少不了。

2

明明的故事让我想起韬哥的经历。七年前，韬哥在一家杂志编辑部实习。当时带他的老师要做一个天使投资人的采访，让韬哥列一个采访提纲。韬哥花了三四天工夫，看了很多资料，最后把采访提纲交给老师时还有点暗自得意，认为自己做足了功课，满心期待得到老师的夸奖。哪知老师拿到采访提纲，不禁皱起了眉头，提起笔去划他的采访提纲，把三四十个问题划到只剩三个问题，他说：“这里面绝大多数问题都是不能用的，只有这三个问题能用。”韬哥有点不服气，称自己为了这个采访提纲把百度前十页有关这个天使投资人的内容一字不漏看了一遍。老师说：“你觉得看10页很多吗？你应该看100页才够。”韬哥依然不服气，认为看100页没有必要，到后边都是重复的内容，完全是浪费时间，效率很低。

老师又说："你先按照我的说法去做，做完再来跟我讨论。"

韬哥虽然有点不情愿，但还是老老实实按照老师说的去做了。事实证明，老师说的是对的。当他看到后来的时候，发现自己之前采访提纲里列的很多问题已经不能称之为问题了，因为都在后边的素材里都找到了答案，而且他看 100 页相比看 10 页，表面上只是多看了 90 页内容，但实际上，他在看了 100 页以后，对这个人的理解认知产生了一个质的变化——这就是量变带来质变。

有了这次经历后，韬哥在往后的采访中都会提前做大量功课，即使有时候因为时间限制看不了 100 页内容，他也会尽可能多地看已有的资料，以便于更精准地采访，挖到更深层次的内容。如今的韬哥已是一家非常有腔调的杂志的主笔，还在网络上开了写作课，深受学员的喜爱。

回顾自己的职业生涯，韬哥说他的文笔并不是最好的，采访技巧也谈不上多高超，他不过是比别人多做了一些看似很笨很浪费时间实则非常有必要的资料搜集和阅读。

3

这个时代，大家都在追求快速，寻找聪明的方法。当你看到网络上铺天盖地的“一个月写作速成”“15 天学会画画”“如何在一年内从月入 3000+ 到月入 5 万”等课程，报名学习的人趋之若鹜，你就知道人心有多浮躁。

可是，很多东西并没有捷径可走，唯有靠踏踏实实，一步一个脚印的努力。一位写作的前辈曾告诉我，要想提高写作水平，唯有靠不停地写，他规定自己每天至少要写 1000 字，看 70 页书。一位英语流利程度堪比母语的朋友告诉我，她学英语的办法就是靠“死磕”，大学四年，她每天听 VOA 和 BBC，背完了全部的课堂教材，背完了高级口译教材，读了许多原版小说，还着手翻译了一部小说。

有时候最傻的办法反而是最有效的办法。那些看似聪明的方法，可能在短时间内发挥了一定的作用，看起来比笨的方法更省力、更有效率，于是你扬扬自得于自己的“聪明”，嘲笑别人是“傻子”，但十年、二十年之后，你蓦然抬头，才发现当初的那些“傻子”早已凭着一股傻劲把你甩在了后面。

古人云：文以拙进，道以拙成。要聪明，总想抄近道，却往往“聪明反被聪明误”，而“傻”却可能会创造奇迹。电影《阿甘正传》里的阿甘，是个真正生理意义上的傻子，智商只有 75，连进小学都困难，但他却几乎做什么都能成功：

长跑、打乒乓球、捕虾，最后还成为一名成功的企业家，而比他聪明的同学、战友却活得并不成功。阿甘的成功并没有什么高深的奥秘，他唯一做到的就是简单坚持，傻傻地执行。

过了几个月，明明兴奋地告诉我，他后来又把阿扎的书认真读了两遍，把他的朋友圈、QQ空间翻了个底朝天，重新做了一次深入采访，现在他的稿子马上就要登出来了。他感慨万千：原来最笨的方法反而是最好的方法。

是啊，我们这个时代的聪明人太多了，恰恰缺的是“傻子”精神。正所谓“大智若愚”，真正的智慧可能恰恰包裹着“愚”的外衣。

你事事追求完美，所以一事无成

去年 12 月，我的主播朋友潮羽在朋友圈哀嚎：“错过了今生到现在以来唯一的一次一天可以赚 100 万的机会。”原来，在喜马拉雅 FM“123 知识狂欢节”中，有一个 99 元的声音课程的成交额达到了 200 万元。而这个声音课程是他们团队今年年初就决定要做的事情，备课备了半年多，课程文案、样音都提交给了喜马拉雅的小编，只需要再做一些修改。但由于团队的完美主义，课程项目中途搁浅，最后被别人抢占了先机。

如今这个互联网新经济时代，是以“快”赢得天下的时代。若过分追求完美，影响了速度，往往会造成“一步赶不上，步步赶不上”。比如 2016 年被称为“网络直播元年”，据不完全统计，国内大大小小的直播平台有 100 多家，2017

年网络直播就进入了行业大洗牌，业内专家表示，至少有一半平台随时都有可能倒下。站在风口，猪都会飞；风口一过，满地狼藉。又比如上半年许多人还在津津乐道于“共享单车”“共享经济”，下半年马云的无人超市就来了。风口转变太快，让人猝不及防。

当然，不追求完美，并不意味着敷衍了事、得过且过，而是说，不要想着等一切都准备完美妥当了才开始。这个时代不怕你犯错，就怕你不做，有想法就先做起来，在做的过程中再不断修正、完善。

在互联网创业领域有个“快速迭代”的概念。现如今的市场变化实在太快，经验再丰富的产品经理也不可能在立项时就把所有事情都想透彻。因此，互联网产品不要指望打磨得超级好再上线，差不多弄好就可以上线了，然后再根据运营中出现的状况、用户反馈等，对产品不断更新升级，这就是“快速迭代”。“快速迭代”实际上就是快速试错、快速纠正，这个世界上根本不存在一蹴而就的完美产品。

Facebook 就是“快速迭代”的典范。2004 年，当时就读哈佛大学大二的马克·扎克伯格在宿舍捣鼓出“Facebook”时，第一个版本仅仅是男女彼此投票，看对方头像是否好看。根据用户反馈，后来才陆续加入了照片评选、个人主页、分享传播等功能。按照现在的眼光看，Facebook 的第一个版本显然不完美，甚至称得上“粗陋”。但是重要的是，马克·扎克伯格把这个东西做出来了，他将自己的想法付诸了行动。接着，他再根据用户的要求不断将产品进行迭代，短短 6 年后，Facebook 的流量甚至超过了当时互联网的王者——谷歌，创造了又一个互联网神话。马克·扎克伯格在哈佛大学 2017 年的毕业典礼上说：“如果我在创建 Facebook 前需要了解所有东西，那么我可能永远无法成功，你只需要勇敢地开始去做。”

追求完美，还容易给自己造成不必要的心理负担，成为你取得更高成就的障碍。

李安导演在拍完《卧虎藏龙》和《绿巨人》之后萌生了退意。在与父亲的交谈中，李安父亲信笔写下：入山不必太深，下笔不必太浓。他对李安说：“你才 47 岁，怎么能退休呢？你要给孩子们做个榜样啊！顶起钢盔，继续往前冲吧！”

对于这句“入山不必太深，下笔不必太浓”，我苦苦思索了好久，才算有点明白个中含义。我想李安父亲是在劝李安不要太追求完美主义，放下包袱，轻装上阵。《卧虎藏龙》获得了 4 个奥斯卡金像奖，取得了全球票房和口碑的双赢，也使得李安跻身世界顶级导演的行列，而之后拍摄的《绿巨人》却遭遇了口碑和票房的双重滑铁卢，追求完美的李安受到了不小的打击。

好在李安听了父亲的劝告后继续留在电影行业。他陆续又拍摄了《色戒》《少年派的奇幻漂流》《比利林恩的中场战事》等作品。虽然观众对每一部作品褒贬不一，但每一部，他都有新的挑战、新的高度、新的追求。

而对于很多人来说，追求完美，其实只是你一直拖延和害怕失败的精致借口。因为害怕失败，你迟迟不敢行动；因为一行动，你就会发现自己不够完美的行为与无比完美的幻想相去甚远。

顾城有一首诗写得好：你不愿意种花，你说，我不愿看见它一点点凋落。是的，为了避免结束，你避免了一切开始。

就拿我本人来说，之前总觉得自己的文章写得不好，想着等写得像样点再拿出来，结果这一拖延，就是两个多月。而事实是，在这两个多月的时间里，我并没有写出过一篇完整的文章。后来我渐渐明白，我不是不想写文章，我是害怕失败，我是在逃避那种挫败感，因为我经常写完一篇文章后就会很沮丧，觉得和自己的期望相去甚远。

完成一件事真的比做得完美要重要。学生时代，老师经常会在考试前鼓励我们，做完就是成功了，不会写也要硬着头皮写几句。特别是一些文科类试卷，老师看在你洋洋洒洒写了一堆的份上，也会给点辛苦分。

况且有的时候，自己的感觉也不一定准。一个律师朋友告诉我，当年他是抱着每门都要挂的感觉坚持考完了四门司法考试，结果最后他考出了430多分——据说这个分数在全浙江都属于高分。而我在吭哧吭哧地又写了一段时间后，某天《读者》的一个编辑突然对我说：给我《×××》这篇文章的授权。我惊讶地问：是我的文章吗？他说不是你的又是谁的呢！我说我总觉得自己的文章拿不出手，所以跟你再确认一下。他悠悠地回过来一句："马尔克斯还觉得自己写的《百年孤独》是坨屎呢！"

别犹豫了，想要做什么就大胆去做吧，不要让完美主义阻止了你的开始。

对付小人的最佳方法是让自己变得强大

有一次和一个朋友吃饭，他非常鄙视地说："你们这种单位啊，别的不多，闲话特别多。"我正要极力反驳，然后想了一下，主动败下阵来，我们"这种单位"，不能说"闲话特别多"，但"闲话确实有"。平日里私底下说三道四倒也罢了，更可恶的是有些人在重要的场合说你坏话，歪曲事实，颠倒黑白。

曾经，我就碰到了这样的事情。我记得那天中午我偶然得知这个情况时，不由得感到无比震惊和愤怒，因为就在这个同事说我坏话的前一刻，他还当着很多人的面，郑重其事地细数我的种种优点。

人前给你戴朵花，背后给你扎根刺。难怪人们都说：小人难防。

在震惊、愤怒之后，我感到困惑不解。自问工作向来勤勤恳恳、任劳任怨，在名利上从来不争不抢，像我这般人畜无害的职场“物种”，居然也会遭人暗算。我实在想不通自己什么时候招惹了他，或者说触碰了他的什么利益。

我郁闷地将这件事告诉一个朋友爽姐。爽姐那会儿在一家国有银行工作，还没有辞职去义乌闯荡，同样面临着错综复杂的人际关系。她安慰我说有些人就是这样的，见不得别人好，净干些损人不利己的事。我当时正在气头上，气愤地说我要想办法对付他，扳回一局。

爽姐问我：“他能阻挡得了你的前途或晋升吗？”

“不能。”我十分肯定地回答。

“那忘掉这件事。”

“什么？就这样算了？”我愤愤不平。

“是啊，多一事不如少一事，既然他无法阻挡你的前途，你不必跟他计较。”

隔天我碰到这位“小人”同事，笑脸相迎，寒暄客套，心中竟无半点芥蒂，是的，一丝一毫都没有。我惊讶于自己不费吹灰之力就做到了爽姐的建议，然后我仔细想了想，并非自己心胸有多开阔，而是我没有时间跟他计较。

那时候，我开通了微信公众号和个人网络电台，每天除了繁忙的工作，还要写文章、录音、做后期、配图、排版，经常觉得时间不够用，连散步都在想着公众号推文的事。

我“计较”的是许多“90后”的公众号开通几个月就几万、十几万粉丝，无比勤奋地每天更新，动不动就写出阅读量10万+的“爆文”，年纪轻轻已自组团队创业……而我，“80后”大龄女青年一枚，目前公众号和网络电台的粉丝数……我都不好意思说。

尽管如此，经营公众号和网络电台依然让我兴致盎然，因为我重拾了爱好，也从中学到了很多东西。所以，对于小人的恶语中伤，气一下就过去了。我没空计较这些鸡毛蒜皮的事，自我提升比什么都重要。

大学时我曾在一家互联网公司实习过，当时的部门主管是个“80后”，脑袋圆圆的，看起来很像“机器猫”。“机器猫”如今已在互联网金融领域自主创业。他是个挺好玩的人，曾有位来面试的学生被他拒了之后还亲笔写了封信向他“表白”，对他的风趣幽默赞不绝口。当然，“逗逼”只是他的表象，他还非常乐意当“人生导师”。“机器猫”曾经解答过一位硕士生的疑惑——关于“嫩和老到”这个问题。那个硕士生的导师认为她是她带的学生中最嫩的一个，大概嫌她拎包少，也不太会说话。“机器猫”回答，如果嫩不嫩指的是对学术和理论的应用，那我们都要变得更专业更老练，如果指的是处事圆滑投机取巧，那希望我们永远有一颗完整的初心。

我非常认同“机器猫”主管的观点，我想这句话也同样适用于职场。

初入职场，你是否也对办公室政治望而生畏，小心谨慎，试着讨好每一位同事，梦想着能尽快和老同事一样圆滑老到，甚至钻研起了职场“厚黑学”。可是，决定你职场地位的，并不是你给领导拎了多少次包，你参加了多少次同事聚会，你打压了多少新人，你说话有多滴水不漏啊！决定你职场地位的，是你的职场核心竞争力。你是否拥有别人无可取代，或至少在短时间内无可取代的工作能力？离开目前的平台，你还剩下些什么？你是否在别处依然能大显身手？

对于职场人际关系，不妨尽量简单化，真诚待人，保持君子之交。与其挖空心思去经营人际关系，不如把精力节省下来用于培养和提升自己的核心竞争力上，多想想如何更好地完成一项工作任务，多看专业资料提升专业能力，多读几本书开阔视野，这比什么都来得实在。牢固的人际关系是建立在实力对等的基础上，当你不断提升自己的实力，你自然而然能结识更高层次的人脉。否则，你会发现你费尽心机经营的所谓的“关系”是如此脆弱，一摧即毁。

至于职场小人，大可不必理会。

早些年在浙江天台工作时我了解到了“和合文化”，寒山和拾得两位和尚的对话，颇让人玩味。

寒山问拾得：世间有人谤我、欺我、辱我、笑我、轻我、贱我、骗我，如何处治乎？

拾得曰：只是忍他、让他、由他、避他、耐他、敬他、不要理他，再待几年，你且看他。

当时的我很不能理解，这老和尚是不是傻啊？而现在我明白了，这句话的玄机在于“再待几年，你且看他”。

这不是消极的处世方法，而是不明争，不暗斗，不斗气，不生气，正眼走自己的路，相信自己能笑到最后。

小人之所以不敢当面对付你，而要背后使阴招，说明你的实力与他相差无几。当你不断让自己变得强大，不断拉大与他的差距，最后他只有仰视你的份，又如何伤得了你。

到那时你还会有还击的想法吗？恐怕只会嫌脏了自己的手。

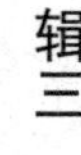

辑三

最终塑造我们的，是那些艰难的时光

最终塑造我们的，是那些艰难的时光

1

那一年，是高三下半学期，我失去了生命中最亲的亲人——我的父亲。

当我回到学校，看着一张张熟悉而又陌生的面孔，一张张陌生而又熟悉的试卷，竟有种恍如隔世的感觉。高考近在眼前，我必须把内心的伤痛封存起来，把头埋进题海里全力以赴备战。每天行走在教室、食堂、宿舍，三点一线，强迫自己除了做题，其他都不要想，练就一颗麻木的心。

那段日子很难熬。很多事情，回过头看，都是风轻云淡。可在当时，真的是煎熬，每一天、每一节课都在煎熬。有时候看着试卷，大脑一片空白；有时候坐着发呆，很久，什么事都做不了；有时候早上醒来，发现枕巾湿了一大片，我才知道自己昨晚睡梦中哭过。

在孤独无助的日子里，音乐成了我心灵的慰藉。高三时我听得最多的是许巍的《时光·漫步》这张专辑，许巍的歌带给了我温暖和力量，让我的心能够真正静下来，去为了一个目标心无旁骛地努力。高考我正常发挥，顺利收到了浙江大学的录取通知书。

此后，每当我遇到什么困难，我总会想起那段备战高考的时光，我总是用“未来畅想法”来鼓励安慰自己：坚持，熬过去就好了，等以后回过头看，会发现这根本不是什么事儿。

2

认识一个写诗的北漂姑娘木木，她的文字干净、纯粹，我买了她的诗集，也在我的电台里分享过好些她的文章。后来，我才从她零星的朋友圈状态得知她得了一种罕见的肠胃疾病。病情最严重时，她在医院住了大半年，每天要吃大把大把的药，由于药物的激素刺激她掉了很多头发，一度消瘦到不到 80 斤。更要命的是，医生说，这种病目前还没有根治的方法，只能控制病情，饮食上有许多禁忌，稍有不慎病情就有可能复发。

她也曾自怨自艾过，怨老天不公，不明白这种几万分之一的概率为什么偏偏就降临到自己头上。可是，抱怨又有什么用呢？澄澈如她，最终接受了这个病可能要伴随自己终身的现实。

出院以后，她积极调养身体，每天起床，先吃饭前的三种药，然后开始准备早饭。早饭是用小米煮粥，加一把枸杞和半根胡萝卜切片，煮粥的同时蒸一碗鸡蛋羹，简单而营养丰富。中餐、晚餐是各类清淡而不失丰盛的素菜，晚饭后散步五公里。慢慢地，她的体重恢复了，还顺利怀孕了。

当木木把新生宝宝的照片发给我看时，我激动得难以自抑，脑海里浮现出一句话：让生命开出美丽的花。

知乎上有一个问题：熬过那段艰难的岁月，你最想拥抱的是谁？

其中一个高票回答是：最想拥抱那段岁月中的自己。

谁说不是呢？别人永远都不知道，你经历了什么。除了自己，任何人都无法依靠。

木木告诉我，生病的那段经历让她懂得，有些事只能一个人扛，靠着心中那股微弱的信念的光，一个人走过那段长长的黑暗的隧道。

经历过病痛的木木，文字中多了些对生命的感悟，少了些无病呻吟。你永远都不知道命运会给你发什么牌，但若用心经营，一手烂牌也可以打出漂亮的人生。

3

小茹大学毕业不久就结婚了，结婚不到一年，发现老公出轨了，出轨对象是老公高中班里的女同学。小茹老公说那位女同学是他心中的女神，爱而不得，一直心有不甘，但在一起后发现也不过如此。他向小茹忏悔，希望小茹能给他一个改过的机会。

小茹只觉得天旋地转，心中那座爱情的丰碑轰然坍塌了。小茹和她老公相识于大学的一次社团活动，老公是她的初恋。大学毕业后，小茹义无反顾跟随老公到了他的家乡——一个四线小城市。她一直以为他们情比金坚，到头来才发现，她不过是他退而求其次恋的那个人。

小茹态度决绝地离婚了，只身一人去了北京。学校一般加上专业冷门，小茹投了无数简历均无人问津，最后好不容易找到了一个销售的岗位，底薪 2500 元，在北京只够勉强度日。有时候晚上下班拖着疲惫的身躯回到潮湿阴暗的地下室，小茹会控制不住地流泪：曾经，她是同学们羡慕的对象，早早结婚，岁月静好，谁知道命运跟她开了一个天大的玩笑。

为了在北京这座城市生活下去，小茹周末四处去找兼职。一个偶然的机会，小茹进入了教育辅导行业。她天生有一股亲和力，每一节课都上得尽心尽力，得到了许多家长和孩子的喜爱。小茹当机立断，辞去销售的工作，开始全职授课，不到三个月，她的月薪就涨到了一万。她搬了家，租了个阳光充足的房间，收入也越来越高。直到两年之后，小茹结交了新的男友，这才敢把真相告诉家里人。

小茹跟我说起这些过往时，已经心如止水。她说："我不会原谅前夫的背叛，但从某种程度上说，没有他的背叛，我也不会孤注一掷来北京闯荡。要感谢这段艰难的岁月，否则我还在一个四线小城市做着粗鄙不堪的家庭主妇呢！"

作家海明威说："生活总是让我们遍体鳞伤，但到后来，那些受伤的地方一定会变成我们最强壮的地方。"

Facebook 首席运营官雪莉·桑德伯格在事业蓬勃发展之际，失去了自己的丈夫，她靠着惊人的毅力克服心中的悲痛。在丈夫去世一年后，她在加州大学伯克利分校的毕业典礼上分享了自己的经历。她说："最终塑造我们的，是我们所经历的那些艰难时光，而非浮名虚利。我们所经历的每一次挫折，都会在灵魂深处留下坚韧的种子。我们记忆深处的每一次苦难，都会在日后成为支撑我们走下去的力量。"

是的，正是那一段又一段"熬"过去的艰难时光，使得一个人不断强大、圆满、平和，到了后来，已经能够坦然地应对处理各种状况，淡然地看待自己的处境。很多时光，也变得不再艰难了。

读书
是改变命运的最佳途径

1

我很庆幸自己生在一个重视教育的家庭，虽然父母都是普通的农民，但在子女读书这件事上却从未松懈过。我从小读书就很自觉，一方面是我成绩好，这种正向反馈使得我更爱学习，另一方面，父母有意无意地传递着一个观念：不好好读书，将来考不上大学，那就只能在家种地。

小时候我几乎什么农活都干过，插秧、割稻、晒谷子，经常累得直不起腰来。相比干农活的辛苦，读书已然是一件很幸福的事。因此，我更加用心读书，因为我知道，唯有读书才能改变自己的命运。

这几年，在一些地区，“读书无用论”又开始抬头，一些家庭认为大学四年学费昂贵，读出来还不一定找得到工作，或者找到的工作工资很低，还不如不花这笔冤枉钱，早早去工厂打工。

在我看来，“读书无用论”是非常错误和短视的观念。毕业初期的起薪并不代表将来的工资和收入，表面上看，有些大学刚毕业的人薪资可能和流水线上的工人相差无几，甚至还没有高级技工高，但是几年之后，随着个人的努力和职场经验的积累，大学生的薪资是能够大幅提升甚至呈数倍、数十倍增长的，而流水线工人再怎么努力也很难有大的提升。

2

讲一个我的读者小建的真实故事。

小建出生在安徽芜湖的一个农村，父母均是识字不多的农民。读初中的时候，升学竞争压力很大，小建考了三年高中都没考上好的学校。有一次小建和父亲去村里的小卖铺买东西，一个同村人对他的父亲冷嘲热讽：“小建不是读书的命，我看你早点让他去打工得了！”小建性格执拗，不愿意辍学，去了一所镇中学读高中。

高中三年，小建拼命学习，无奈学校底子不好，加上他天资有限，最后只考上了一个专科学校，学的工程管理。小建的邻居又在小建的父亲面前秀优越感，说自家孩子上的是本科，小建的是专科，不一样的。小建的父亲不卑不亢地说："啥本科专科，都是大学，好好读，都会出息。"

到了大学的小建更加刻苦学习，专科三年，他每天都泡图书馆，专升本考试，全班24人只有他一人考上了本科。大四，他立志考研，最终以优异的成绩考上了北京一所很有实力的211大学的研究生，攻读土木工程。刚读研究生时，很多人觉得小建是从专科上来的，看不起他，对于他结交的北京女友也不看好。倔强的小建继续埋头苦读，硕士毕业后又读了博士。读博期间，他负责了几个项目，展现了突出的能力，和女友关系稳定，当初看不起他的那些人逐渐对他刮目相看。

没想到找工作的时候，他的专科经历还是受到了歧视。他应聘一家有名的房地产公司的"未来领袖计划"，年薪40多万，名单报到总部，总部却因为他的专科经历把他否决了。

小建没有气馁，继续投简历给其他公司。后来他应聘一家大型央企，人事经理看到他从专科到博士的10年历程，感慨地说："我看到了这10年来你的进步，我相信未来10

年你也可以在公司做出成绩。”最终，这家公司录用了小建，还给他解决了北京户口。

小建高考时只考上了专科，可以说他在读书方面只能算天资平平，但他在高考后又通过10年的努力读书，一步一步改变了自己的命运。假如小建当初没有读大学，而是直接去了工厂打工，哪怕他再努力，10年之后，他能有这样好的平台吗？

我还认识好几个从农村考出来的博士，他们一步一步，从普通学校的本科，考到了好一点的学校读硕士，又考到了名牌学校读博士，最后进了高校当老师或者进研究所搞科研，全都是靠读书改变了命运。

3

读书对人命运的改变，不单指财富和阶层的跨越，还包括个人品格的重塑，这在我的朋友小武身上得到了淋漓尽致的体现。

小武从小父母离异，那个年代，离婚的家庭还很少，走在路上，免不了被人指指点点，这让小武变得敏感、自卑。于是他和几个身世差不多的人结成了兄弟，成天打架，干坏事，他抢过水果摊，看着水果摊老板娘呼天抢地，内心产生了莫名的快感和兴奋，他在公交车上跟人火并，被抓去派出所罚站了一天。

在他 11 岁那年，他们的“大哥”，因为忍受不了父母无休止的争吵和家暴，用一把剪刀结束了自己的生命，他们的队伍也被迫解散了。到后来，他这几个“兄弟”死的死，坐牢的坐牢，只剩下他一人通过努力考上了大学，毕业后有了一份体面的工作。

而改变小武品性和命运的，正是读书。小武遇到了好的老师。在老师的引导下，他不光努力学习课本知识，业余时间还读了舒婷、北岛的诗，也看了王小波、尼采、卡夫卡等大师的书籍，这些书就像茫茫大海上的灯塔，点亮了他黑暗、躁动的灵魂。

小武曾半开玩笑似的对我说：“我没有变成流氓，全靠读书。”读书让人拥有富足的内心，让人的灵魂变得高贵，这是千金不换的财富。

小武工作多年仍然保留着阅读的习惯。事实上，在这个知识经济时代，读书早已由单纯的学校学历教育，演变成了“终身学习”的概念，而机遇也往往更青睐于那些高学识、坚持阅读、持续不断学习的人。我认识的企业高管、自由撰稿人、互联网创业者等群体每年的阅读量都在几十本甚至上百本，他们每天忙得脚不着地，但是连飞机上的短暂几小时也会拿来看书。

平凡如你我，还在等什么呢？从今天就开始读书吧。

时间
是远比金钱更贵的东西

这个夏天，老妈听了邻居的介绍，兴冲冲给我买了一条冰丝席，标价 180 元的冰丝席，讨价还价到 150 元成交，对于一向节俭的她来说，也算一笔不小的开支了。可是冰丝席经过清洗、晾晒再铺到床上，我还是隐隐闻到了一股怪味，这样的东西我哪敢睡在上面，我执意换回了草席。

周末，我去了一家品牌家纺店，准备买一条好一点的冰丝席。进门就被一款冰丝席吸引了，图案清爽，质感上乘，最重要的是，完全没有异味。一问价格，要 1000 元，比我妈买的那条冰丝席贵好几倍。店主见我犹豫的样子，给我推荐了几款价格稍便宜的冰丝席，从 200 元到 500 元不等，可是我拿起一闻，都有一股味道，并且看上去就是没有 1000 元的好。我又逛了几家店，始终没有找到心仪的冰丝席，见了 1000 元的好货，其他的再也入不了眼了。但我又舍不得花 1000 元买条冰丝席，于是两手空空打道回府。

晚上躺在床上，我又想起那条“一见钟情”的冰丝席。我问自己：我是买不起这 1000 元的席子吗？答案是否定的，只是我以前从来没买过这么贵的席子罢了。我又问自己：1000 元真的很贵吗？答案依然是否定的，不喜欢的东西我也许用一年就扔了，但喜欢的东西我会用两年、三年甚至更久，这样换算到每天的花费，1000 元的席子未必比 500 元或一两百元的席子贵。如此自问自答了几回，我决定明天返回店里买下那条冰丝席。

遗憾的是，第二天我回到店里，被告知那款冰丝席只剩最后一条，已经被买走了。我失落地离开了店里。开车回家的路上，我又想到一个问题：我这来来回回反复折腾的时间，够我码多少字看多少页书了？假如我在这段时间写了一篇文章并投稿成功，少说也有几百元的稿费，而我只考虑了货比三家可以少花多少钱，却没有考虑到我的时间可以创造出多少收益。

为什么有钱人喜欢买贵的东西？因为贵的东西就是比便宜的东西好啊，而且相比花出去的钱，他们的时间更贵。假设一个人年收入 100 万，按照一年 365 天，一天 8 小时，换算到时薪，就是342元，他每浪费一个小时，就等于损失了342元，为了几百块的差价货比三家，实在是不划算。“能用钱解决的事情，就不要花时间了。”这话绝不是那些有钱人在装×，你觉得有钱人在装×，是因为你不懂他们的时间有多贵。

那么，对于那些收入不高的人来说，花大把时间在淘便宜货上值得吗？我虽然不建议在收入还没跟上的时候一味追求大牌奢侈品，但也建议在自己的能力范围内尽量买贵的东西，把时间省下来做其他能够创造价值的事情。比如我现在买东西就去固定的几家品牌店或淘宝上经常买的几家店，几乎不再使用淘宝的搜索引擎买东西，也不再在街上瞎逛，而是把更多的时间花在了写作和阅读上。

开源比节流更重要。年轻的时候，我们要努力让自己的时间变得越来越值钱。而让时间变贵的法宝之一，就是专注于做高附加值的事情。

所谓高附加值的事情，指的是那些你能从中学到东西，能获得持续的成长和提升，且随着时间的持续投入，能带来“高额复利”的事情。高附加值的工作如咨询师、工程师、设计师等，能够让个人能力不断得到提升，且随着经验的积累，时薪能够达到非常可观的水平，这些工作都是不容易被替代的。

低附加值的工作如餐馆的服务生、建筑工地上的工人，他们尽管工作很辛苦、很努力，可是从这种机械化的劳动中学不到什么东西，无法获得成长和提升，甚至随着年龄的增长还会面临减薪或失业。

因此，我非常不鼓励把微商作为第二职业，因为对于大部分人来说，做微商无非是在朋友圈打打广告、卖卖产品，赚些零花钱，无法把微商发展为一项大事业，也无法提升自己的核心竞争力。同样，我也不认为下班后做滴滴司机是“积极进取”的行为，因为做滴滴司机是一项技术含量低的工作，而且哪怕你整晚都在接单，你赚的钱也有个上限，无法随着时间的持续投入而带来“高额复利”。

我有一个朋友小刘，有段时间在朋友圈卖养生食材。我问她怎么卖起了这些？她说最近缺钱，刚好有个姐姐在卖这个，顺带赚点。我当时想劝她，但转念一想关系还没那么熟，怕犯了“交浅言深”的错误，打了一大段文字，最后又全删了，只说了一句：祝好运。

过了大半年，我突然发现小刘好久没发朋友圈了，于是问她最近在忙什么。她说每天忙于画画，一画就画到凌晨，都没时间发朋友圈了。我问那养生食材不卖了？她说卖这个东西太耗时间，碰到有些挑剔的客户买了又退回来，还赚不到一分钱。没多久小刘想通了，自己最擅长的是画画，最喜欢的也是画画，把时间浪费在做微商上不值得。于是小刘把除了吃饭、睡觉、上班以外所有的时间都用在了画画上。小刘从小学画画，虽说大学学了服装设计，工作后很久没拿画笔，但毕竟底子还在那里，因此坚持画了几个月后，便顺理成章地加入了当地的青年美术协会，找她画画的人也越来越多。现在小刘画画赚的钱比做微商多多了，而且以后随着她的水平的提升和名气的攀升，她卖一幅画的价格只会越来越高。这就是画画这件高附加值的事情带给小刘的"高额复利"。

我也想劝现在的大学生不要纯粹为了赚钱而去做一些低附加值的事情，比如做家教、打零工等。四年宝贵的大学时光应该花在听更多感兴趣的课、学更多有价值的知识上面，这些事情虽然短期看不到收益，但对一个人将来的影响是深远的。我读大学时做过家教也打过零工，但现在回想起来其实有点后悔，当时自己一方面是缺钱，另一方面也是没有意识到时间的宝贵价值。如果你打算本科毕业就工作，在大二、大三放假期间，争取去一些正规的公司实习，哪怕这些公司的实习生工资不高，为了租房你可能还要倒贴钱，但是你从中学到的职场经验和潜移默化中感受到的职场文化是做家教无法比拟的。

前不久，有位做文化产业的朋友感慨，过了 30 岁，感觉时间过得越来越快，如果可以，真希望拿金钱来买时间。可是我们都知道那是不可能的事，时间流逝，岁月不可逆。

二十几岁的你知道你的时间有多贵吗？你努力让你的时间变得更贵了吗？

最重要的
是要有一颗奋斗的心

1

“二十几岁，你一定要待在大城市！”“我在大城市的写字楼加班到深夜，你在小城市的街头夜市吃喝玩乐。”“打死也不去小城市，我才不要那种一眼望到头的生活。”……不知从几何起，网上充斥着各种“褒扬大城市，贬低小城市”的舆论，所有人似乎都得了“大城市崇拜症”，给人的印象是在大城市工作才算得上是在奋斗，在小城市工作就是混吃等死。搞得我们这些身处小城的人一说起自己待的城市，心理上就先矮了半截。

但是，一味鼓吹年轻人盲目去大城市工作真的好吗？别的不说，单从现实角度考虑，大城市——北上广深，总共就那么几个，它们的人口容量是有限的，让所有的年轻人都挤在大城市，挤得下吗？

有些人一说到大城市，脑海里就浮现出高端写字楼、高雅音乐会……总之各种“高大上”；一说到小城市，下意识就是破败的街道、陈旧的建筑、街坊四邻的乱嚼舌根……总之各种“脏乱差”。可是，小城市之间也是千差万别的，像江浙的许多小城市很多方面已经不比北上广深差多少，而且这些小城环境优美，没有大城市那么拥堵，更宜居。至于画展、音乐会之类的高雅艺术，现在交通那么发达，一张火车票或机票的事情就解决了。

也许有人说，大城市更公平，小城市讲人情关系，在大城市更容易凭真本事干出一番事业。中国自古以来是个人情社会，要说讲关系，其实并不分大城市和小城市，之所以给你造成大城市讲公平、小城市讲关系的错觉，是因为小城市阶层划分比较粗浅，地方小，一点小事从上到下很快都知道了，而大城市等级划分更加严密，一般人没有机会看到讲关系的那一层级罢了。

在我看来，重要的不是选择大城市还是小城市，而是你的事业更适合在哪里发展。

2

我有个朋友小葛，是化学系博士生，毕业的时候拿到两个 offer，一个是一家民企制药企业的研发岗位，一个是外资医药公司的销售岗位，从开出的薪资看，研发岗位起薪高，销售则要看提成。小葛内心里更喜欢搞研发，但是又有点犹豫。

小葛去征求一个师兄的意见，他的师兄回答说："这还用考虑吗？当然是去研发岗位。你若跑去做销售，那简直是浪费那么多年读博士的时间。别看不起民企，这家制药企业在国内排名很靠前，而且很重视研发。也别以为外企就多了不起，外资制药公司即使研发岗也只是做做普通的技术活，他们根本不会把核心的研发产品放在中国，更不用说你拿到的 offer 还是销售岗。"

小葛听完师兄的一番教导，说出了心中的最后一个顾虑："那家民企在一个小城市，外企在上海，毕竟属于大城市，小城市和大城市的氛围还是差很多的。我怕到了那里，自己的眼界会变得狭窄。"师兄反问他："那你愿意为了所谓的大城市放弃多年专业所学，放弃研发吗？"

小葛最终还是去了民营制药企业做研发。他后来很高兴地告诉我，自己当初做了一个正确的选择，企业高层对他们这些高学历博士非常看重，实验室条件好，薪水可观，过一两年还能分到公司的股权。他所在的地方虽然是小城市，但是当地经济活跃，思想开放，城市配套设施完善，教育、医疗资源都比较优质，事实证明，他之前的顾虑是多余的。

还有一个朋友在北京工作多年，有一次她和我聊起，说她自己内心其实也动过回家乡小城的念头，小城市生活压力小，奋斗更有奔头。她在北京表面上看起来光鲜亮丽，可是没有户口，也买不起房，以后小孩的教育都成问题。她之所以留在北京没走，是因为她所在的文化行业，高端的全集中在北京，她去小城市很难找到什么好的工作。

总之，事业在大城市就选择大城市，倘若事业在小城市，单单为了留在大城市而选择了一份自己不适合、不擅长、不喜欢的工作，这无疑是一种本末倒置。有个朋友曾经叫嚣着“死也要死在广州”，但后来他回到家乡买了房，发现没了生存的压力后，反而更有精力去追求自己热爱的事业。

也许还有人会说，大城市机会更多，小城市死气沉沉。其实并不尽然。高度发达的商业社会自然有它成熟的机会，但在商业还未发展成熟的地区却有更大的空白市场机会。殊不知，马云的电商早已把目光投向了广大的农村，国家在轰轰烈烈地推进新型城镇化建设，像浙江，这几年对特色小镇建设的扶持力度就很大——政府的政策导向往往意味着机遇所在。

3

我有一个初中同学，她和她老公被我们称为现代版的“林徽因和梁思成”，两人都是中国美院的硕士，她学的是服装设计，她老公学的是建筑设计，我同学在我们当地的大学任教，她老公则自己开了一个设计工作室。在我们这个小城，搞设计的大部分学历不高，像我同学老公这样科班出身的高才生可谓凤毛麟角，再加上他俩工作后依然不忘“充电”，经常去上海看设计展，赴新加坡等地“建筑景观游”，单设计理念就比别人高很多。因此，他们的工作室订单接到手软，像我们当地很多学校、民宿的项目都是他们做的。而若搁在人才济济的大城市，他们的工作室恐怕连生存都困难，她老公最多也就进个建筑设计院拿拿死工资。

我的另一个朋友小黎在大城市的建筑设计院工作多年以后，也在今年回到了家乡小城，和自己的发小合伙搞起了阳光房业务，小黎负责设计，另一人负责业务开拓，目前他们的事业已初具雏形。

谁说在小城市就只能混吃等死呢？在大城市有奋斗的人，同样也有混吃等死的人，在小城市也不全是混吃等死的人，同样也有奋斗的人。你只看到大城市的写字楼夜晚灯火通明，却没看到小城市的办公室也有人每晚加班到深夜。像我那个初中同学，在上课之余还要帮她老公的工作室一起画图，经常一画就画到 12 点多。我还有许多朋友，他们在小城市也是勤勤恳恳工作，靠自己的努力买房买车。

待在大城市还是小城市，并不代表什么。只要你有一颗奋斗的心，在哪里奋斗都是一样的。

真正的年轻，是依然拥有生活的激情

也不知怎么回事，今年网上铺天盖地都是“‘90后’，你的中年危机已到”，看得我是惶惶不安。才二十几岁的“90后”怎么就步入中年危机了？我这个“80后”还觉得自己正值青春呢！

我说“90后”们，千万别信什么“中年危机”的鬼话。那些不过是已经大腹便便不思进取的中年人想拉你们下水的伎俩！

他们对工作敷衍了事，得过且过，看着“90后”们为了一份理想的工作说换城市就换城市，于是拿“中年危机”来吓唬你们：你看你都结婚了，早该享受“老婆孩子热炕头”的生活了，还这么不安分干吗呢？

他们的生活已剩下鸡毛蒜皮、鸡零狗碎甚至鸡飞狗跳，看着“90后”们热衷于出差、培训、自我提升，于是装作一副过来人的样子语重心长地劝导：25岁是个分水岭，过了25岁就不是你挑别人而是别人挑你啦！女人太强了嫁不出去的，当务之急是找个人嫁了，别成天扑在工作上！

面对“来势汹汹”的“90后”，想知道我们这些“80后”真实的想法是什么吗？——“90后”，请晚点把我们拍死在沙滩上。

我早年实习的那家公司的部门主管，几年前自己创业了。某天他在朋友圈感慨：“90后”，不得了！原来那天，因为公司运营负责人去斯里兰卡度假了，他们公司一位“90后”就手痒写了个帖子，这个帖子从形式到逻辑到措辞到三观都无懈可击，而他是个产品经理，并不是专门的运营人员。我的这个上司自叹不如，说自己二十出头的时候可弄不出这样的文字。接着他声称，他们公司招人以后只招“90后”，年纪太大的不要（喂，这是赤裸裸的年龄歧视啊！我虽然是“80后”，但我有一颗“90后”的心好吗！）

没错，我这个“80后”是断然不会承认自己是“中年女人”的。一个朋友曾说，拥有一份热爱的事业，是保持青春的秘诀。对此，我深以为然。我时常觉得，我的青春是从30岁才开始的。我回想起自己的二十几岁，就像一只苍蝇被关在玻璃瓶里四处乱撞，却找不到出口，我把自己搞得精疲力竭，可使出的力却如同拳头打在了棉花上——毫无反应。如今，我每天不到六点就起床，工作之余写文章、录音、看书，安排得满满当当，日子忙碌而充实。而这种忙碌并不是毫无头绪的瞎忙，而是在梦想的航灯指引下坚持不懈，勇往直前。

在我认识的“80后”里面，为了事业积极奋斗的人并不在少数。我的朋友言晓，在开倒了一家广告公司后，以归零的心态重返职场，继续深耕在他擅长的文案领域，同时在网上开设了一门文案课程，现已在文案圈赢得了不少信赖与好评。他的公众号开通半年多，写了100多篇原创文，虽然粉丝和阅读量不见涨，但他依然笔耕不辍，最终凭着过硬的文章质量成了“麦子熟了”的专栏作者，还签约了一本职场类新书。

另一个朋友艳儿，不惜从医院辞职，通过努力成了一名自己曾梦寐以求的大学教师。在教学岗位上，她经常为了做好一个课件忙到深夜，对每一个学生提出的问题都耐心解答。就在今年暑假，她本来打算和老公去马尔代夫游玩，机票都订好了，结果学校通知她参加全省的教学技能比赛，她果断退了机票，认真准备比赛——马尔代夫可以下次再去，但这样的比赛机会可不多。

因此，青春与否，并不能简单用年龄来划分。青春，更指一种生命状态。李银河老师已经60多岁，但她说："我的灵魂还只有二十岁而已，我希望把二十岁的状态保持到生命的终结之日。"

真正的年轻，是依然拥有蓬勃的激情、昂扬的斗志。如果你工作没几年就已失去激情，上班昏沉沉，下班躲进出租屋吃垃圾外卖，熬夜看肥皂剧、打游戏，一年下来，除了体重涨了30斤，其他什么都没涨，那么，即使你满脸胶原蛋白，我也认为你已提前步入了中年状态。反之，有些人即使已白发初现、皱纹横生，但依然每天鸡血满满，在商场上奋力厮杀，在舞台上卖力表演，在文字里尽情挥洒，那么，我认为他还很年轻。

真正的年轻，是永远有一颗求知的心。在这个知识经济时代，"学习"的概念早已从学校教育演变为"终身学习"，稍有松懈，你就可能跟不上时代。而坚持学习也能让一个人保持青春。美国福特汽车公司的建立者亨利·福特有一句名言，大意是，无论20岁还是80岁，任何停止学习的人都意味着已经步入了老年，而坚持学习的人将永葆青春。北大哲学系被称为是"长寿俱乐部"，这些哲学系的教授老当益壮、精神矍铄，但是他们几乎不怎么运动，吃穿极不讲究，他们共同的特点就是有着对学术孜孜不倦的追求，享受钻研学问的乐趣。

真正的年轻，是依然保持着对新事物的热忱与好奇。你依然会为了读到一本好书而欢呼雀跃，依然会因为一部电影而感动得落泪，依然会穿越大半个中国去听一场演唱会、看一次展览、品尝一番美食。任何一项新生事物的出现，你不是下意识就排斥、批判，而是去了解、去体验、去调查，去弄清楚背后的逻辑。

所以，去他的中年危机！无论“70后”“80后”“90后”，无论多大的年纪，都可以“永远年轻，永远热泪盈眶”。

心存感恩，才能走得更远

前凤凰主笔王路老师曾在一篇文章中写道：“人要知恩报恩，一个人本事再大，单靠自己奋斗都是不行的，要仰仗千万人的帮助。”

王路老师的话让我感慨万分。

工作这些年，我越来越真切地感受到，一个人要想取得一定的成绩，个人的努力固然重要，贵人的相助同样必不可少。贵人可以乘数倍放大你的努力，如果说个人的努力是最前面的那个数字“1”，贵人的帮助就是后面的一串“0”，你遇见的贵人越多，遇见的贵人能量级越大，放大的倍数就越大。

就拿我自己来说，我还能坚持写几篇文章，要感谢很多贵人的帮助和鼓励。几年前，我还在乡镇工作时，偶然的一个机会，我们当地报社的一位主编到我们单位开会，那天我恰好也在会议列席名单里。他一眼看到我的名字，便问我：“怎么这几年不见你写作了？”

我大吃一惊，没想到他居然记得我这样一个无名小辈，因为我只是在很早以前向该报投过一篇稿，并有幸刊登出来了。我嗫嚅着说，工作比较忙，每天写材料要写到很晚。

他叹了口气说，你的功底不错，不写有点可惜了。这些工作上的材料，写完用完就没什么价值了，只有你自己的文字，才是能留存下来的。我满心愧疚，觉得辜负了主编的期望。他本来还想多说几句，我却被领导叫去改材料了。临走前，他反复叮嘱，有空多写写自己的文章。

过了一阵子，他又托人带给我他出版的几本书，而我依然每天焦头烂额忙于应付工作上的材料，静不下心来写自己真正想写的东西，心中的愧疚又加深了几分。直到2016年，我重新拾起写作，向他投稿，他甚是欣慰，说了很多鼓励的话。

如果不是有缘结识这位主编，我可能都不会走上写作这条道路。

后来我又认识了一些写作的前辈、编辑，他们给了我许多无私的指导和帮助，让我有信心在这条路上继续走下去。

韩愈在《马说》里写道：“千里马常有，而伯乐不常有。故虽有名马，祗辱于奴隶人之手，骈死于槽枥之间，不以千里称也。”人才很多，怀才不遇的人更多。都说烂泥扶不上墙，试想，就算你是混凝土，没人扶照样上不了墙啊！

有的时候，一个贵人甚至能改变一个人的命运，起到决定性的作用。

一位编辑姐姐M说她至今都很感激当年工作过的那家工厂的副总。M当年因为家庭原因初中没毕业就辍学去了深圳一家工厂打工，她在打工的时候依然不忘学习，一边在流水线上生产手表链，一边背英语单词，结果被几百年不来车间的副总逮了个正着。就在她惶惶不安准备卷铺盖走人时，不料却接到通知让她去公司的写字楼上班。隔了几个月，M在写字楼偶然碰到了这位副总，他对她说：“你是一个挺上进的姑娘，我只能帮你到这了，你自己要努力啊！”

直到现在，M想起那句“我只能帮你到这了”还会掉眼泪。对这位副总来说是“我只能帮你到这了”，对M来说他这个小小的举动却彻底改变了她的命运。M后来拼命看书，写作，尝试投稿，慢慢成了签约作者、编辑，这当然离不开她个人的努力，但是当年这位副总把她从流水线车间调到写字楼上班，可以说帮助她的人生迈出了关键性的一步。

我认识的商人作者简姐姐也曾说，她能走上外贸这条路，创办自己的鞋贸公司，要感谢她遇见的第一个贵人胡先生。简姐姐是一个非常聪慧的女子。在她开微信公众号写作后，她除了努力提高自己的文字水平，还有意识地认识了很多编辑、同行，使得她的公众号得到了较大的发展。

更让人感动的是，在她自己的公众号发展得比较大之后，她也无私地帮我们这些小公众号做了推荐。简姐姐认为，任何事物都有相通的地方，做公众号和做生意是一样的，“得道者多助，失道者寡助”。对于那些帮助过我们的人，要心怀感恩，铭记在心，以后想办法回报。

但偏偏有些得到贵人帮助的人，不要说回报，连感激都谈不上。曾有一个领导跟我倒苦水，说他以前好心放一个下属走了，那位下属去了更高的平台之后却吐槽在原单位有多么不得志，说幸亏靠自己努力上来了，让这位领导郁闷不已。

如果一个人认为自己所取得的成绩全仰仗个人的努力奋斗，不懂得感恩那些鼓励自己、提点自己、帮助自己、领自己进门的人，他可能会取得一时的成功，但不会一直成功，迟早会栽跟头。

当然，我并不是否认个人努力的价值。毕竟，没有最前面的那个“1”，贵人带来再多的“0”，也只能是零。

我只是觉得，每个人都要带着一颗感恩、谦卑的心，看待自己取得的哪怕是很小的成绩。如此，才能走得更远。

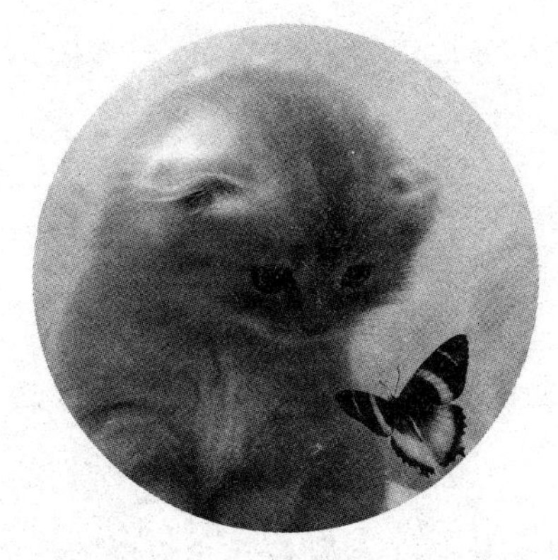

你不一定要放弃一切才能去追求梦想

阿文是我在一个民谣群里认识的。当他得知我在写作和经营个人网络电台时，他饶有兴致地跟我讲述了他自己的故事。

阿文出生在甘肃一个贫穷而又水草丰盛的农村，从小他就非常喜欢音乐，拿着琴弦拨弄人生是他的梦想。可对于一个从泥墙土坑里长大的孩子来说，这样的梦想听起来就像荒诞无稽的笑话，他触手可及的是延续父辈们的轨迹，面朝黄土背朝天，勤勤恳恳生活在养育并终将埋葬他们的大山之间。

15 岁那年，阿文便离开学校去兰州打工，在最懵懂的年龄经历了酸甜苦辣，那时候的他心怀对未来美好生活的憧憬和音乐梦想，并没有觉得辛苦。打工半年之后，他终于靠自己的力量买了人生中第一把梦寐以求的吉他，回家以后就找同村一个弹吉他的哥哥学习。那个哥哥在学校里专门学习音乐，吉他弹得相当好。他特别勤奋地跟着学，在自己家两间破旧的屋里通宵练习。练习了一段时间后，他又跟同村几个热爱音乐的小伙伴一起，在河边，在星空下，彻夜弹琴。

16 岁那年，父亲将在外浪迹的阿文送去了部队当兵。阿文说他去部队就是想去文工团，他喜欢许巍，去部队除了希望从各方面锻炼下自己，也想体验下偶像曾经的生活是怎么样的。他的想法是离开部队之后跟从小弹琴的朋友一起搞音乐。但几年的军旅生涯结束之后，他还是顺从现实在新疆当了一名警察。

如今，阿文在警察的岗位上干了有六七年了，他的工作已和音乐无任何瓜葛，偶尔弹弹吉他成了他业余生活的调剂。

阿文告诉我，年轻的时候什么都敢想敢做，现在到了一定年纪，他觉得自己要活得更务实一些。他很喜欢齐一的《这个年纪》，因为这首歌说出了太多他的心声："这个年纪的我们徘徊在理想和现实之中……不知不觉一把柴米油盐也成为压力了……"

我听过阿文翻唱的几首歌，他的嗓音温暖、淳朴而略带沙哑，让人有种莫名的感动。我跟阿文说，我很喜欢你的歌声，你不要放弃你的音乐梦想啊！

阿文回答，可是我现在是一名警察。

我解释说，我并没有要你放弃现在的工作，这是一份高尚的职业，也提供了稳定的收入来源，但是，如果你还心怀梦想，你可以利用业余的时间在音乐路上继续奋斗，等你的梦想有了一定的果实，你再考虑二选一也不迟。

阿文听完，若有所思。

也许你看到过有些文章会鼓动你为了梦想要奋不顾身，抛弃一切，孤注一掷。可是，并不是每个人都能承受“放弃一切”的风险的，并不是每个人都有“孤注一掷”的资本的。你的梦想可能在很长很长一段时间里都产生不了任何金钱效益，到后来，你不仅无法实现梦想，连生存都成了问题，你的行为只是感动了自己，却成了别人的笑柄。说实话，看到一些选秀节目总是讲一些惨兮兮的梦想故事，我心里总有些不舒服。

一时冲动谁不会，难的是如何在追求梦想这条道路上长久而持续地走下去，这不仅需要努力，需要信念，也需要物质保障。英国女作家弗吉尼亚·伍尔夫就曾说过，女性要想从事写作，首先要有很多钱，其次要有一间自己的房子。虽然我们不必像伍尔夫说的那样有了很多钱再去追求梦想，但作为一个成年人，我认为首要解决的是谋生问题，在自食其力的前提下，才有资格去谈梦想。

事实上，有的时候，你“放弃一切”去追求梦想，对“实现梦想”反而可能会起到反作用。一个朋友小米，大张旗鼓辞了职，说要全心全意在家写作，追求自己的作家梦。小米并不是盲目辞职的，而是有充分的物质准备：她辞职前的工作收入比较高，这些年也攒下了一笔不菲的积蓄，哪怕她三年不工作，这笔积蓄支撑她生活还是绰绰有余的。

三个月过去了，我问小米，你这全职写作的成果如何啊？她回过来一个“笑着流泪”的表情。

原来，小米辞职成了自由职业者后，终于不用每天早起去上班，白天时刻紧绷着神经，晚上累成狗才回来，想起好久没有追的许多美剧和电影，就想着先看剧放松放松。于是她每天睡到自然醒，睡醒就看剧，吃饭靠外卖，这样不知不觉过了一个月，她恍然回过神来：说好的作家梦呢？

小米还算是个有自制力的人，她果断戒了剧，并给自己严格规定了作息时间。但是，新的问题又来了，之前工作忙的时候她觉得有源源不断的灵感，只是苦于没时间写，这会儿有的是时间，她却没灵感了，她每天枯坐在书桌前磕磕绊绊写出来的文章，还不如以前抽空匆匆赶出来的文章有灵气。这滋味，简直比坐牢还难受。

不到半年，小米就重返职场了。她总结教训：这自由职业者还真不是谁都适合的。

每个人的追梦道路都是不一样的，“放弃一切”去追梦这条路，对有的人来说不一定是最佳的道路。

过了几个月，阿文告诉我，他现在一有空就在争分夺秒苦练吉他，他还自己写了几首歌，准备去录音棚录制，然后申请网易云音乐的原创音乐人。

“你的经历启发了我，让我知道原来追求梦想还有另外一条路。”阿文跟我说。

是的，你不一定要放弃现有的一切才能去追求梦想。这不是对现实的妥协，而是在认清了生活的本质之后依然坚持梦想。

辑四

你满脸抱怨的样子真难看

不急于下论断，是最好的修养

过年走亲戚，我一个表哥在闲聊中，问我对一个热点事件的看法。我惊讶于网络时代信息传播之广泛，但还是无奈地笑了笑，回答他：我对这个事件不是特别了解，谈不了什么看法。

相比那些一有热点就会打满鸡血通宵写稿的人，我几乎不追热点，从这一点上来说，我大概算不上一个合格的自媒体写作者。但事实上，我从内心深处抵触追热点。

有时候看着某一热门事件剧情“反转又反转”，每一次反转都带起自媒体群体的言论“狂欢”，吃瓜群众的围观点评，让我不由得想起鲁迅的小说《药》中的看客，一个个伸长了脖子，“仿佛许多鸭，被无形的手捏住了的，向上提着”。

王宝强和马蓉闹离婚，一大波人跑到歌手王蓉底下破口大骂，真是躺着也中枪。林丹出轨，谢杏芳选择原谅，又有一大波人发文“怒其不争”，更有人称谢杏芳没有起到女性榜样的作用。

作为公众人物，他们享受了做公众人物的利益和商业价值，难免要牺牲一定的隐私权。然而，这些事说到底是他们的家事，旁人无权干涉。互联网时代赋予了更多的话语权，有了相对自由的评论环境，这原本是一件好事。但现在一些人为了赚点击率博眼球发表节操无下限的文章，或是带有强烈情绪戾气很重的文章，在没有了解事实真相的前提下就随意评论，我不认为是一名合格的写作者。

珍惜手中的笔，越是在自由的环境，越是要理性冷静，不急于下论断，是一名写作者的基本修养。

在日常生活中，对人、对事同样不能太着急就下论断。我在乡镇工作时曾兼任妇联的副职，其实这职务只是挂个虚名，我的主要工作是写材料，但因为我的办公室门口挂着这虚职，免不了有农村妇女上门来诉苦。

有一个人我印象深刻，她说自己从外地嫁到本地，因为怕夫家歧视外地人，一直任劳任怨、勤勤恳恳，可这个男人却不时对她拳打脚踢，现在男方家还不让她见孩子。

她说到后面声泪俱下，我也是愤愤然要打抱不平。我打电话给村书记，村书记说这是他们的家事，管不了，给了我一个他们家的电话。我又打电话到他们家，接电话的是个男的，似乎是她前夫，听说我是镇妇联的，情绪变得异常激动，控诉这女人隐瞒婚史，生完孩子后又扔下孩子不管跑了。

“当初是她自己不要孩子的，现在想回来看孩子，没门！”隔着话筒，我听见一个女人的声音在他旁边高声附和，似乎是这个男人的妈。

我一时懵了，不知道该相信哪一方。又或者，两边说的都是真的，只是他们都只说了对自身有利的一部分事实，而掩盖了另一部分事实。

而如果这个女人在网上发出自己的经历，我能想象得到会有一大波人义愤填膺痛骂家暴渣男。家暴当然是不对的，但她走到这个地步，谁又能说她自身没有责任呢？

正所谓，兼听则明，偏听则暗。很多事情，多听听各方的说法，多调查，多研究，不人云亦云，不急于下论断，是遇事的最好修养。

对人也是如此，由于受自身经验和阅历限制，我们很容易对他人产生偏见。

某天中午，我的一个编剧朋友多多在朋友圈分享了一件趣事，说的是有个云南姑娘找了个北方男朋友，男朋友想带她回家过年。结果他父母不乐意了，说你咋找了这么个又黑又难看的姑娘，还是少数民族的，我们能听懂她说话吗？算了，你别带回来了！

但姑娘什么都不知道，喜滋滋地跟着男友回了家，表现得礼貌周到、落落大方，亲戚朋友们都夸她男友眼光好，找了个好媳妇，男友爹妈也是喜上眉梢越看越喜欢，封了个大红包给姑娘，准婆婆还加了姑娘微信。

结果回程路上男友不小心说漏嘴了。云南姑娘倒也不生气，说幸好去之前不知道他父母的态度，否则她肯定不敢去，也很有可能永远都不会知道其实准公婆是一对善良朴实的老人，他们对她的“歧视”是因为不了解，去了以后双方都了解了也就消除误解了。

而即使见过几次的人，也很难真正了解对方是个怎么样的人。日久见人心，患难见真情。以前的我是个凭第一印象识人的人，后来渐渐发现，有的时候第一印象很准，有的时候第一印象却会出错，有的人甚至和第一印象相去甚远。

我有个朋友菁菁，给人的感觉总是冷冰冰的，仿佛拒人于千里之外，我们平日里几乎没什么交流。有一次我遇到一个难题，翻遍了朋友圈找不到可以帮忙的人，后来一想只有菁菁是这个领域的，或许她能帮得上忙。我硬着头皮给她发了条求助消息，半天也没收到她的回复。唉，早知道会这样！我沮丧地想。

没想到那晚 10 点多她居然回复我了，说自己也不是特别懂行，然后介绍了一位专业的朋友给我。结果她介绍的那位专业的朋友很麻利地解决了我的问题。我自是对菁菁和她的朋友感激不尽，也为自己之前的偏见感到惭愧。

后来，菁菁的那位朋友跟我说，菁菁这人啊，其实热心得很，属于外冷内热的类型，她也不是不联系朋友，她本身就很少聊天，因为工作实在太忙了。

我恍然大悟：对人千万不要过早下论断。

有的人虽然平时不怎么联系，关键时刻却能“两肋插刀”，有的人平时说得天花乱坠，真有什么事情却推得一干二净；有的人表面上对你嘘寒问暖，关爱有加，背地里却不知使了什么“阴招”；有的人看似冷若冰霜，不好相处，其实心地善良，为人和善。

不急于下论断，这是与人相处时的最好修养。

总之，在这个浮躁狂热的年代，无论是在网络上还是现实生活中，无论是对人还是对事，都需要我们拥有一颗相对冷静理性的心，不盲从，不武断，不急于下论断。

性格内向
不应该成为逃避的借口

很多年以来，我都为自己的性格而苦恼。我羡慕那些在人群中侃侃而谈的人，刚见面就能打成一片，永远精力充沛，热情洋溢，长袖善舞，八面玲珑，在社交场合中如鱼得水。

而我，上台发言会紧张，在一群陌生人中会感到不自在，相比社交活动，我更喜欢一个人安静地待着，写写字，看看书，看看电影。

我也曾想过要改变。可那个故作活泼的“我”连我自己都感到陌生，感觉好像戴着一张面具在生活，坚持不了几天，疲惫不堪的我又恢复了原样。

我一直对心理学有兴趣，陆陆续续地看了一些心理学方面的书。有一天，我看到了心理学家荣格关于内向性格和外向性格的理论。他认为，这两种特质的本质区别在于：心理能量的指向，外向的人能量指向外部，因此他们更活泼健谈，喜爱社交，内向的人能量指向内部，因此他们对内心世界更感兴趣，喜欢独处，喜欢阅读、写作，自省和思考。内向性格和外向性格并不存在哪样比哪样更好，而是各有优势。内向性格的人无须改变自己，事实上，性格这个东西也是很难改变的。

看了这个理论后，我欢天喜地接纳了自己的内向性格，全身心享受独处的时光，享受一个人做很多事情，比如看到有新电影上映，就独自一个人去电影院看，不再顾忌旁人的眼光。

而再有公开场合发言、上台演讲等机会，我也不再有那种想试又不敢试的纠结，而是心安理得拒绝了：我是内向性格啊，不适合做这些，我擅长写，不擅长说。

后来偶然的一次机会，我听了一场读书分享会。那可以说是我听过的最好的一次分享会，主讲者是一名与我年纪相仿的姑娘小 Q，她的分享有干货，有笑点，节奏张弛有度，全程气氛热烈，就连最后的提问环节，她的回答也是妙语连珠。

分享会结束后，我鼓足了十二分的勇气，向小 Q 索要联系方式，她很痛快地加了我微信好友。由于当天小 Q 还有其他事，我们没聊几句她就匆忙走了。

后来在微信上，我怀着无比崇拜的心情对她说：“你真是太厉害了！之前只知道你文采好，没想到你口才也那么好。”

她发过来一行字：“过奖了，你也可以的。”

“我性格比较内向，写文章可能还过得去，像这样在这么多人面前讲话就不行了。”

这时，小Q回复说：“其实我也内向，平常更喜欢一个人待着，很少参加社交活动。我能够在这种场合讲得还算过得去，靠的是提前做足了准备。”

“怎么做准备？”

“靠写。”

“可是像最后那种提问环节，需要临场发挥的，怎么准备？”

“还是靠写。”

正当我云里雾里时，小Q毫无保留地把她那次分享会的文字稿发给了我。看完稿件，我的内心受到了很大的震撼，原来看似轻描淡写的“做足了准备”这五个字，背后竟是如此沉甸甸的分量。这不是一份普通的文字稿，它洋洋洒洒足有几万字，里面详细地写了每一分钟对应的讲话内容，甚至哪里该停顿几秒，哪里该讲个段子调节下氛围，都写得一清二楚，而在最后，她罗列了听众可能会提的所有问题，并写出了答案。我还惊奇地发现，那天现场观众提的好几个问题都在稿件里，难怪她回答得那么轻松自在。

“哪有什么天生的能说会道，看上去的毫不费力，不过是刻苦努力、精心准备的结果。”小Q告诉我，为了这一个小时的分享会，她从查资料，到写“逐字稿”，最后根据这份“逐字稿”反复练习，足足准备了一个月。

小Q告诉我，所谓内向性格不擅长演讲是一种偏见。内向性格的人只是不太喜欢在一些社交场合说太多话，但不代表说不好话。平时可以减少一些不必要的社交，但需要我们在公开场合发表演说时，内向性格也能够表现得很好。

小Q还告诉我，有一项研究表明：像主持人、演说家等以口才谋生的人中，内向者的比例反而很高。这些人可能私底下不喜欢在一大群人中进行社交属性的聊天，但却可以自如地在众人面前发表演讲。

听完小Q的一番话，我若有所思。我开始反省：我是否一直把性格内向当作了逃避的借口，逃避付出，逃避努力，心安理得地停留在自己的舒适区里。

几个月前，我们当地的图书馆馆长让我在“全民阅读”

启动仪式上出个诗歌朗诵节目，我下意识又想拒绝，馆长不乐意了："你的网络电台搞得有声有色，你说你不会朗诵？"我正想辩解，突然想起小Q的话，想着朗诵比起演讲还是要简单一些，于是怀着忐忑不安的心情答应下了这件事。为了契合"全民阅读"的主题，我选择了奥地利诗人里尔克的《读书人》。整整半个月的时间，我每天睡前都会读几遍《读书人》，还把这首诗录制成了音频，放进车载U盘里，以便开车上下班路上可以听。到后来，我已经不用思考就能流利地背诵出这首诗了。

启动仪式当天我看到节目单，才发现除了我以外，其他人不是专业的朗诵团成员，就是专业的主持人，和他们比起来，我像个打酱油的路人甲。怎么办？总不能干临阵脱逃这么缺德的事，还是硬着头皮上吧！奇怪的是，当我站在舞台中央，我却没有想象中的那样紧张，那些优美的诗句就那么自然而然地从我口中缓缓流出，流淌在报告厅的空气中。如果不是事先有充分的准备，我很可能脑袋会变成一片空白。

那天结束后，我向馆长抱怨："怎么事先不跟我说其他的朗诵者都是这么专业的人啊？"馆长笑笑说："我没跟你说这个你都想推托呢！再说了，你也不差啊，你虽然没那么专业，但有自己的风格。"一旁的副馆长附和："对，你是属于小清新风格。”

最后，我想跟许许多多和我一样内向性格的人说，不要再拿性格内向当挡箭牌了，外向的人能做的事，内向的人一样也能做，甚至有可能比他们做得更好。不要作茧自缚，禁锢了人生更多的可能性。

远离
不守规则的人

1

最近做了几次文明交通劝导志愿者，发现国人对规则的漠视可谓触目惊心。每一次红灯，总有一两辆自行车或电动车要闯过去，有些在听了我的劝导后会不好意思地停下来，而有些根本当你的话是耳边风，飞也似的窜到马路对面去了。两个轮子的车不守规则，四个轮子的车也好不到哪里去。为了避开早晚高峰期机动车道上长长的车队，有些私家车径直开到了非机动车道上，和一干电动车、自行车、行人抢夺窄小的空间。

这让我想起一个旅居新西兰的作者小慧曾吐槽过的一件

事。她一个朋友想来新西兰自驾游，向她请教新西兰的交通规则，结果她讲到一个路段限速100码时，那人紧接着就问："那开110码算超速吗？"小慧郁闷不已：难道规则制定出来就是为了违反的吗？类似的还有景区逃票、排队插队，这些现象在国内都屡见不鲜。

国人似乎天生对规则缺乏敬畏之心，对于既定的规则制度，老老实实遵守的人被认为是"傻""不懂变通"，而那些善于钻规则空子的人则被认为是"聪明""有能耐"，很多人也对自己的小聪明颇为得意。

2

我工作的第一家单位，某位领导不知道是受人之托还是什么原因，想要打政策的擦边球为某个人办理某项业务，当时我经手该项业务，必须我先签字才行，我一看不符合政策规则，不肯签字。他先是想方设法劝我，看我不为所动，就拿上级的命令压我，我坚决不肯签字，以至于和该领导的关系搞得很僵。但是，我从来没有后悔过，一来如果签字就违反了规则，二来这件事万一以后追究起来我肯定是第一责任人，我不想"因小失大"。领导关系僵就僵吧，"铁打的营盘，流水的领导”，他也不可能待在这里一辈子。事实上，还没等那个领导调走，我已经先离开了那家单位。

不要抱有侥幸心理，不守规则的人一旦被发现或得到惩罚，付出的代价是非常惨重的。去年阿里发生了“月饼门”事件。据媒体报道，中秋前夕，阿里巴巴公司给每位员工发了一盒特制的福利月饼，因为月饼造型可爱，不少员工希望再多买几盒送给亲朋好友，于是行政部门决定将为数不多的余量月饼通过内网面向员工以成本价销售，并临时开发了一个“秒杀”页面。结果阿里安全部门的几位工程师耍了个小聪明，用编写脚本代码的方式“秒”到了133盒月饼。事发后，公司做出了请他们离职的严厉决定。公司认为，作为安全部门的员工，本是平台员工的捍卫者，却使用工具自毁规则，触犯了诚信红线。

这个世界正在惩罚不守规则的人。

员工不守公司规则，最终丢了工作，影响了职业生涯；

官员不讲纪律不守规则，走向腐败歧途，最终锒铛入狱；

企业主不守规则，偷税漏税，最终也将锒铛入狱。

因此，不要因为暂时的守规则“吃了亏”，不守规则“得了小便宜”就不把规则放在眼里，不要因为别人不守规则就效仿。不守规则的人，其实一直在风险和侥幸之间徘徊，你能享受破坏规则带来的一时快感，但是不一定能永远躲避破坏规则带来的后果。守规则，才是最好的自我保护；守规则，才是那条最简单的路。

3

我一个朋友相亲认识了一位男士，对方工作稳定，长得也是一表人才。但相处了一段时间，朋友却拒绝与他来往了。在我一再追问之下，她才告诉我缘由。原来，那个男的听说朋友的弟弟是交警队的，想让我朋友帮忙处理几张罚单。“罚多少钱不要紧，最主要的是能否让我少扣点分，分数扣完了要重新学习很麻烦。”其实朋友对于这个男的才相处一两个月就提出这种要求的行为是有点不悦的，不过他既然这样说了，她想不如让她弟弟先查一下。这不查不要紧，一查吓一跳，他有多个违章，其中有 3 次超速，且超速都超过了 50%。朋友说：“如果是偶尔车停错了地方或者不小心压线了都情有可原，毕竟这些不是主观上造成的，可超速这么严重，就有点说不过去了。这样的人还是趁早远离为妙。”于是，朋友明确地跟那个男的说自己对他罚单的事无能为力，并婉拒了他。后来她妈觉得她小题大做，她就搬出了一个中国游客在美国自驾游的例子，说那个游客因为在美国的高速路上飙车，最终发生惨烈的事故，他和他的家人无一生还。“你放心把你女儿的小命交到这样一个人手里吗？”她问。她妈无奈地摇了摇头。

不要觉得违反交通规则、插队、逃票等“不守规则”的行为是小事，要知道，一个没有规则意识的人，是没有底线的。给他一个机会，他什么规则都敢破，什么红线都敢踩，后果不堪设想。

对于那些不守规则的人，我想套用郭德纲的话说一句：远离不守规则的人，因为雷劈他的时候，会连累到你的。

没有拼尽全力，有什么资格抱怨

一个远房表妹来我家玩，她今年高考完，成绩不是太理想，只够上一所普通本科大学。我看小表妹无精打采的样子，安慰她：高考不是人生的终点，考得不好也没关系，到了大学你还可以再努力。哪知道她回答我说："没用的，我们这些普通人家的孩子，哪拼得过那些家境良好的孩子。你看今年的高考状元，人家父母都是外交官，在教育资源上享有得天独厚的条件。都说'寒门再难出贵子'，你出生的那一刻，命运就已经定了。"

我有点难以相信这番老气横秋的话会出自一个不到20岁的小姑娘之口。不得不承认，如今发达的网络信息让很多小孩普遍早熟，可是这种"早熟"并不是真正成熟的认知。

我严肃地教育她："你只知道北京的高考状元父母都是

外交官，你可知道还有一位甘肃农村的考生患有先天性脊柱裂，出生后双下肢运动功能丧失，自幼失去了父亲，还有一位河北农村的考生，父亲精神有问题，母亲又失去行动能力，这两位最后却考入了清华。你觉得和他们比起来，老天对谁的命运更不公？一味指责命运的不公，你怎么不先问问自己，你有努力过吗？”

小表妹低头不语。

这个世上 99% 以上的普通人都没有资格抱怨自己出身不好，另外极少数人，比如那两位甘肃和河北农村的考生，他们倒是有资格抱怨命运不公，可这些人反而活得比普通人更积极，更乐观，更努力。

民国时期有个畅销作家张恨水，他的作品畅销到什么程度呢？当时他在报纸上连载小说，每天下午两三点钟，许多读者便在报馆门口排队等待当日报纸发售，只为先睹张恨水的小说为快，他们无论寒暑，不管刮风下雨，天天如此，一排就是 5 年。每次他的书发行后，一版再版，很快都抢售一空，连鲁迅的母亲也是张恨水的铁杆粉丝。鲁迅作为有名的大孝子，每次张恨水的小说一出版，他都会第一时间买来寄给母亲。

在一次朋友聚会上，有个人评价张恨水说：“恨水作小说，无他长处，只是下笔肯努力。便是用两个铜板上茶叶铺买包茶叶，亦不肯含糊写出。”这人的话中显然有贬低张恨水之意，张恨水却欣然接受。在他看来，努力，是对一个人最大的赞誉；努力，是一个人最优秀的品质。

张恨水出身官宦世家，但在他 17 岁时，由于父亲病故，家道中落，他连中学都没毕业。后来他穷困潦倒走投无路之际，决定去“北漂”。他原本的打算是先在北大旁听，再转为正式学生，但为了维持生计，他不得不先找份报馆的工作，一份工作工资微薄，他就同时兼着两份报纸的工作。这样一来，张恨水没有时间读书了，不得不以码字为生。

张恨水写作非常拼，每天从上午 9 点开始写，有时一直写到深夜 12 点，除了吃饭上厕所，几乎所有时间都不停笔。他的案头放着四五支铅笔，笔写钝了，磨磨笔尖，就当作休息了。张恨水一生创作了 3000 多万字，除了 100 多部小说，还写了大量的散文、随笔，可以说，他的一生就是拼命写作的一生。

说起来，张恨水的出身倒是挺不错的，但是中途家庭却发生了变故，因此，出身良好家庭也不意味着就能高枕无忧，世事无常，变幻莫测。张恨水能有后来的成就，靠的还是坚持不懈的努力。可偏偏有些人相信出身、相信运气、相信天赋，却唯独不相信努力。

现在社会上流行着一种说法，认为中国阶级固化现象越来越严重，跨越阶级越来越难。在我看来，对于个体来说，就算跨越阶级越来越难是事实，也不代表完全没有机会，不能因为难就否定了努力的意义。但是相比那些出身于高知家庭、中产阶级家庭、富裕家庭的孩子，普通人家的孩子要想取得一番成就，只付出一般程度的努力恐怕不够，你必须拼尽全力才行。

燕子大学毕业进了一家外贸公司。上班第一天，主管让她先熟悉一下公司产品，第二周再分询盘和订单给她跟。燕子告诉主管，她已经提前把产品了解透了，在主管惊诧的眼光中，她只花了5分钟就把公司的样品拆了又组装好。于是她跳过了一周的熟悉期，像一名老员工一样马上开始跟进询盘和订单。无论是大订单还是小订单，无论是哪个地区的客户，燕子对待每一封询盘都会认真回复邮件，并为潜在的订单付出百分百的努力。

几个月后，为争取一笔大订单，燕子亲自把样板送到了香港。隔了几天，客户说要来验厂，燕子要充当翻译。她连夜把验厂报告和流程从头到尾仔细看了一遍，并去工厂的车间、实验室、物料库和仓库都走了一遭，把客户可能会提到的问题都向工厂生产部的组长问了一遍，把组长说的答案一一记录下来，回去后再把这些答案翻译成英语。当客户来实地验厂时，燕子得意地发现对方问的问题自己都提前做了准备，她流利地给出了令对方满意的答案。正是靠着这每一道环节的全力以赴，燕子最终拿下了这笔大订单，她一个初出茅庐的新人做到了整个公司往年全年的业务量。

过了几年燕子自己出来单干，做外贸 SOHO，愣是凭着这股拼尽全力的劲儿在这个行业立稳了脚跟，每年都有金额非常可观的订单。回想起单干初期，燕子说自己还有点羡慕那些砸锅卖铁的创业者，因为他们至少还有“锅”可以砸，有“铁”可以卖，而她却是一穷二白——出身普通家庭，在陌生的城市不认识一个人。但也正是“一穷二白”，逼得她对待每一笔订单都使出了浑身解数，不拼到最后一刻绝不放弃。

你无法决定出身，但可以用努力拼搏选择未来。你都没有拼尽全力，有什么资格抱怨出身不好？

失败了又如何？
大不了从头再来

去年无意中看的一本人物传记《褚时健传》给我留下了深刻的印象。褚老最让我敬佩的不是他把云南玉溪一家小小的卷烟厂打造成亚洲第一、世界第五的集团企业的辉煌历史，而是在他 70 多岁从监狱里出来后，一无所有，重新创业，打造了享誉全国的“褚橙”品牌的事迹。

人的一生不可能一帆风顺，难免会经历挫折、失败。失败并不可怕，可怕的是失败之后从此一蹶不振。试想一下，褚老在 70 多岁的高龄都有从头再来的魄力，我们又怎能被一些小挫折、小失败打倒呢？

讲一个我朋友丹哥的真实故事。

丹哥在大学时就展示出了过人的经商才华。一个偶然的机会，他在报纸上看到培训教育行业的兴起，便凑钱买了域名网站，开办了一家小型培训公司，等到毕业时，他手头已经有了几十万资金。有了这笔启动资金，大学毕业以后，丹哥和几个朋友来到浙江台州，合资创办了一家轮船配件公司，他既是股东，也是公司负责跑业务的销售代表。那几年，他跑遍了台州的各个地方，公司的生意渐渐步入正轨。随着公司规模越来越大，他们决定把公司从台州搬到上海。

搬到上海之后，公司发展更加迅猛，丹哥每年都可以把销售额做到一个多亿，几个合伙人商量决定把分红投进去继续发展壮大公司，丹哥也没什么异议。到了 2014 年年初，丹哥接到公司合伙人电话，说这几年他太辛苦了，现在公司暂时没什么大的事情，让他先休息一阵子。丹哥很感动，回到老家过了半个月的清闲日子。等到他回公司的时候，他才发现公司账上的钱全部被转移走了，属于他分红的一千多万全泡汤了。丹哥愤怒地和那几个合伙人理论，却被公司保安强行拖走。可悲的是，因为太相信朋友，他手头根本没有留什么证据，真可谓“辛辛苦苦奋斗多年，一夜回到解放前”。

悲愤交加的丹哥离开了上海这个伤心地，去了北京。他到处找工作，在智联招聘等网站四处撒简历，由于他大学读的是非常冷门的专业，一时也找不到什么合适的工作。很快他身上没剩多少钱了，只得草草找了一家培训机构的工作，月薪仅 2000 多元。在那家公司，他看到自己的顶头上司有时候做事的方法不太对，出于好心指出来，谁料那位上司破口大骂："你算老几？我月薪 2 万的人难道还不如你一个月薪 2000 的？"丹哥听了，迟疑了一会儿，沉默不语。

在培训机构做了一年，丹哥看不到什么发展前景，又在网站上投了不少简历，重新找工作。有家软件公司的老总看中他曾经做过一个多亿的销售业绩，让他来公司做销售，试用期三个月，三个月后再定岗。没想到，丹哥去谈项目，基本都能搞定，连续拿下了好几个难搞的大订单，公司业绩一下子翻倍增长。老总大喜过望，觉得找到了人才，直接让他做了负责销售的副总，底薪 3 万，外加销售提成。如今，丹哥在这家软件公司干得风生水起，每天踌躇满志、斗志昂扬。

我曾经问丹哥："虽然相比其他职场人士，你目前的工作和收入也算不错了，但是相比你以前的风光无限，你现在心理上会不会有落差？"丹哥回答："说没有落差肯定是假的。几个合伙人联合起来坑我的事对我打击很大，我也曾经消沉了好长时间。后来我想，我还年轻，钱没了可以再挣，可人要是垮了，那我这辈子就真的完了。他们可以偷走我的钱，却偷不走我的能力和经验，总有一天，我会东山再起。"

听完丹哥的话，我不禁对他肃然起敬。一个人对待失败的态度，往往决定着他的人生走向。

褚老在《褚时健传》的序言中写道：“活到今天，我觉得一切都是经历，都是财富。没有那些打击，就没有今天的褚时健。”一件事，如果你全心全意投入去做了，以十二分认真的态度去做了，哪怕最后由于主观或客观的原因失败了，你在做这件事的过程中也得到了宝贵的经验。褚老种橙子，看似“跨界”，实际上他在经营卷烟厂时就非常注重源头烟叶的种植和管理，他有现代农业经营管理的经验；丹哥从制造业跳到计算机软件行业，看似毫不相干，实则他还是凭借多年的销售经验和出色的销售能力在公司站稳了脚跟，获得了公司老总的青睐。

有的时候，失败的经验甚至比成功的经验更加宝贵。马云担任校长的湖畔大学被称为世界上最难进的大学，申请者皆是各行各业的优秀创业者。湖畔大学创办三期，每一期都强调研究“失败”的重要性，马云表示，我们不研究成功案例，而要更多地研究失败案例，找出聪明人犯的错误，这是湖畔大学和EMBA巨大的差异。在第三期的开学仪式上，马云说：“所有失败是最佳的营养，这是心态，你怎么看待这个失败，你怎么跨过这个失败，非常重要。从过错里得到的东西才是真的东西。”失败并不可怕，可怕的是失败得糊里糊涂，不知道自己是怎么失败的。

但是，有些道理虽然懂，若非亲身经历，你可能还是将信将疑，听完就抛到了脑后——从别人的失败案例学到的经验，毕竟不如自己的失败经历来得深刻。对于丹哥来说，他从上一段创业经历里得到的最大教训是：不能把创业伙伴当朋友看，无论之前的关系有多好，一旦一起做生意了，那就不再是朋友了。

其实，一个人早点“栽跟头”，品尝失败的滋味，吸取失败的教训，未尝不是一件好事。如果等你爬到更高的位置再跌下来，重新站起来势必要花更大的勇气和力量。

因此，不要害怕失败，放下包袱，拥抱失败，成功反而会离你更进一步。

大环境如此，所以只能妥协吗

有天傍晚我走在路上，迎面走来一年轻男子，吊儿郎当的，斜叼着根烟，星火在空气中一明一灭。因为讨厌烟味，我本能地想要避开，谁知对方却叫住了我。我愣了愣，还没反应过来，这位年轻男子开口说话了："小茉姐，我是小舟，你脸盲啊！"

我……确实脸盲。但我认不出他来，倒不是因为脸盲，而是我压根没想过眼前这个人会是小舟。

两年前我刚认识小舟时，他刚从学校毕业，一脸稚气，带着满腔的热情和理想，对自己的工作岗位有着美好的憧憬，摩拳擦掌，跃跃欲试。那个时候，我虽然觉得他有些想法过于理想化，倒也欣赏他的正直和单纯，还颇有些无知者无畏的胆识。短短两年工夫，他已经从一名小清新气质的"书生"

向玩世不恭的小痞子方向发展了。

我盯着他手里的烟，不悦地问：“什么时候学会抽烟的？”

他支支吾吾地说：“周围人都在抽烟啊，不抽显得不合群。”

“好的学不会，坏的倒是学得挺快！”我语带讽刺。

他经我一顿教训，似乎有所醒悟，低下了头。

小舟的变化让我想起另一个朋友小丁。某次我们同坐一辆车，中途小丁抽起烟来，刺鼻的烟味弥漫在密闭的车厢中，呛得我不禁咳嗽起来。同行有位心直口快的姑娘陶陶忍不住说：“在车里抽烟，有没有点绅士风度啊？”小丁只得悻悻地掐灭了烟蒂。

这时，有位朋友打趣道：“看你年纪不大，烟瘾还挺大，是不是从小不学好，很早就抽上了？”小丁连呼冤枉，称自己读书时绝对是个乖学生，成绩也好，这烟是工作之余才学会抽的。他聊起工作头几年，在一个暴发户气质浓郁的地方，当地人是烟不离手，酒不离口，夜生活丰富多彩，他就这样生生被带“坏”了。耿直的陶陶又“切”了一声，满脸不屑：“你自己被环境污化了，怪别人喽？”

我们每个人都不可避免地会受到环境的影响和制约，中国有句古语叫“近朱者赤，近墨者黑”。有意思的是，一个人往往更容易被环境中坏的那一面所影响，毕竟，人要堕落起来那真是毫不费力，想要变好却需要坚持不懈的努力。

有的人可能会说，大环境如此啊，不妥协，就生存不下去。然而，我想说的是，人生中，如果你对一些事妥协了，那么最后你一定会被这些事所伤。

北大中文系教授孙玉文在北大中文系毕业典礼的演讲中谈到了对“融入社会”的看法。在他看来，“社会生活是形形色色的，其中有好的、有用的、合理的一面，也有不合理的、阴暗的、肮脏的一面。它是一个大杂烩，任何时代，任何国度，都没有例外。一旦妥协，转眼就能消融成汤汁，只有铮铮铁骨，才能永不变形。”因此，“要当今的大学生一味地顺应社会的一切，这是很不健康的思想认识。”孙玉文教授认为，读书人天然地承担了引领社会进步的义务，他真诚地希望同学们在融入社会时，不要放弃对社会进步的追求，不要放弃改造社会。孙玉文教授的这份道义和担当情怀让人敬佩。

在我看来，如果一个人的能量还没强大到可以改变大环境，影响大环境，至少你还可以做到洁身自好。事实上，大环境也是由一个个个体组成的，如果每个人都能坚守一份美好，那便是对整体环境的向好做出了一份贡献。

不要向这个世界轻易妥协。我始终相信，再小的个体，也是一份力量。

不要把情绪
浪费在无法改变的事情上

去年快过年的一天早上，开车拐弯时不小心和一辆摩托车撞了，好在双方车速都很慢，对方人没事，摩托车也只是小损坏，我的一扇车门倒是被撞瘪进去了。保险理赔勘察员过来看后，说这点损伤走保险不划算，建议我私了。而摩托车主也是个淳朴好说话的人，给了他两百块钱，他就自己骑着摩托车走了。然后我开着车到了附近的一家修理厂，准备把门修一下，结果被告知修理师傅都回老家过年了，要年后才能修。末了，老板又强调了一句："现在所有的修理厂都是这样，年前你是没地方修的。"我想那就年后再修吧，反正现在车也能开，就是看上去难看了点。

做完这一切，我心情愉悦地回家了。对于我来说，我很庆幸这只是一次小事故，而且该做的都做了，解决方案也有了，这事就算翻篇了。

快到家时，我有点犯难了，以我妈的个性，我知道等待我的必是一场暴风骤雨。

果不其然，她看到我变形的车门，严厉质问我车子怎么变成这样的。我把事情经过简单描述了一遍，她开始喋喋不休指责我开车怎么这么不小心，怎么这么不爱护自己的车。我哭笑不得："我人没事，对方人没事，车子只是有一点损伤，这不是最好的结果吗？至于开车，我以后会小心的。"没想到我这满不在乎的态度更加激怒了她："还只是一点损伤，你看看你这车门都变形成什么样了？你怎么一点都不心疼呢？""哎呀，我年后去修一下就好了，保证看起来跟新的一样。"我看着老妈痛心疾首的样子，无奈地想：算了，我也改变不了她的观念，不和她争了。

我老妈对我不心疼自己车的行为非常不解，她不懂的是，对我来说车子只是身外之物，自己心情愉快比车子这点损伤更重要。更重要的是，在我看来，既然事情已经发生了，无法改变了，那就没有必要再把后悔、纠结、愤怒、心疼等情绪浪费在这上面了，这些坏情绪不但于事无补，而且浪费了时间，破坏了心情。

《飘》是我中学时代非常喜欢的一部小说，书中的女主角斯嘉丽令我十分佩服，尽管她有这样那样的缺点，但每次发生什么大事或遇到什么困难，她从不自怨自艾，而是认清现实，凭自己的能力去改变现状。战争爆发，当斯嘉丽终于从亚特兰大回到自家的庄园塔拉时，她以为自己又可以过回以前无忧无虑的生活了。结果她回到家里才发现母亲已在前一天去世，父亲因母亲的去世而悲伤过度，神志不清，家里十多张嘴要吃饭，而塔拉种植园几乎一无所有了。面对这一切，斯嘉丽也悲痛、绝望过，但她并没有沉浸在这种情绪中太久。她从一个“连袜子也懒得捡”的庄园千金，蜕变成一个事必躬亲、辛勤劳作的勇敢女人，带领全家重建家园。

这个世上除了生老病死，其他都不是什么大不了的事，总有解决的办法。因此，有那个工夫伤心，还不如把时间多花在寻找解决方法、积极改变现状上。

不知道大家有没有发现，我们浪费最多的情绪其实是后悔。我有一个朋友小 D，工作五六年了，依然跟我念叨：“我好后悔高三的时候没有好好读书。很多老师都对我寄予厚望，觉得我是冲刺清华的料，结果我在第一次模拟考试考差了之后就自暴自弃，整个高三都没有认真做题，只考了个三流本科……”我说你后悔有用吗？你又回不去高三了，再说了，那么想考清华，考研还有机会努力啊！事实上，他本科毕业选择了保送本校的研究生。我说你不是很想上清华吗？干吗不去考一下清华呢？他说后来对清华也没有那么执着了。

很多人总是想着，哪怕当初怎么怎么样，现在就不会怎么怎么样了，或者现在就能怎么怎么样了，好像人生重来一遍，自己就能避开所有雷区，过得完美无缺一样。但，事实真的如此吗？

有些事情之所以发生，除了不可抗拒的外力原因，还有一部分是由人的性格决定的。要不然怎么会有人总是犯同样的错误，总是在同一个地方跌倒呢？

就像我的朋友小 D，如果让他重读一遍高三，也未必能考上清华，问题不是出在他那一年没有好好努力上，而是他的抗打击能力太差。即使他高考没考好，他还可以努力考一个清华的研究生，可是他却选择了保研，嘴上说对清华不再执着了，实际上是害怕又一次失败——真的不执着了，又怎么会对自己的高三耿耿于怀至今？

如何提高自身的抗打击能力，才是小 D 今后的人生道路上最迫切需要解决的问题，而不是沉湎在过去的后悔情绪中。否则，就算考上了清华又如何？来一个小小的打击，又把他打趴下了。与其后悔，不如寻找事情发生背后真正的原因，吸取教训，整装再出发。

我认识的一个姐姐，心态就非常好，她说自己从来不后悔，因为无论是对待学业、工作还是感情，她都尽了自己最大的努力，全身心地付出过，至于最后结果怎样，不是她能控制得了的。因此，当她得知前男友移情别恋，她没有一丝留恋，决绝地离开了。而后，她把精力更多地花在了工作和业余爱好摄影上，不到一年薪水就翻了番，还在一次摄影采风活动中认识了现在的男友。

直面生活中那些不可改变的事情吧！当事情木已成舟，与其怨天尤人、追悔莫及、悲痛欲绝，不如冷静面对，分析原因，解决问题，改变现状。

或者，哪怕只是吃顿大餐，买个包包，改善下心情也是好的。

你满脸抱怨的样子真难看

1

和几年未见的朋友吃饭，饭桌上，我和她兴致勃勃地聊起这两年在做的事情，她认真地听着，然后用赞许的眼光看着我：“真好，我真喜欢现在的你。”

“以前的我你不喜欢吗？”我嘻嘻笑着，顺着话题随口问道。没想到她很认真地回答了我：“老实说，不太喜欢，以前的你总是抱怨这抱怨那，负能量太多。”

“怪不得别人都说我现在越来越好看了。”我嘴上这样说着，脑海里还努力回忆着以前的自己。

想了好久，我回想起一个细节，有个朋友曾好心提醒我，朋友圈别成天发些抱怨的话，别人看着会烦的。结果我不耐烦地回了一句，我的朋友圈我做主，你嫌烦你别看就是了。

原来，还真是“旁观者清，当局者迷”啊！

2

一个学长阿亮说他最近刚开掉了他们销售团队中的成员小蒋，理由是小蒋太爱抱怨了。从他口里出现的抱怨有：“这个客户太难搞了！”“我们分的区域太差了，市场打不开，怎么做业绩啊？”“天天加班，薪水还是这么点！”……促使阿亮下决心开掉小蒋是源于一场“订单争夺战”，确切地说，是小蒋认为的“订单争夺战”。

有一个客户，最初是小蒋在跟进的，结果小蒋和客户聊了几次，对方明确表示对公司的产品不感兴趣，小蒋也就意兴阑珊，不想跟进了。后来阿亮的另一个手下小林知道了，便和小蒋商量这个客户能否由他来跟进，小蒋想着反正这个客户没什么花头，就给小林好了。没想到的是，半年后这个客户下了一笔大订单，这笔大订单也帮助小林登上了当月的销售之星。这下小蒋郁闷得要死，逢人就抱怨，说这笔订单本来应该是他的，还大骂那个客户“虚伪”“出尔反尔”。

其实，这也不能怪客户“看人下单”，当初小蒋一上来就推销公司产品，那位客户产生了抗拒心理，便借口拒绝了他。后来在小林持续不断的跟进中，客户被小林的真诚和阳光所打动，最终才促成了这笔交易。

阿亮说，一个团队中最讨厌的就是这类抱怨的人，一个人抱怨所产生的负能量会迅速蔓延到整个团队，使得团队成员也陷入负面情绪之中，消极怠工，因此，必须及时铲除动摇军心的“负面分子”。

而小蒋对工作的抱怨恰恰说明了他的无能。他抱怨客户难搞，可是他搞不定的客户被别人搞定了；他抱怨产品市场没打开工作不好做，可换个角度想，空白市场比成熟市场的提升空间更大；他抱怨加班累薪水少，可是销售岗位本来就是靠提成吃饭的，自己拿不下订单能怪谁呢？

与其抱怨，不如改变。把抱怨的工夫拿来钻研销售技巧，或许工作局面就大不相同了。

3

一个主播 W 曾和我分享过一件趣事。她的小堂妹跟她抱怨谈了快一年的男友，细数他的种种不是，比如玩起游戏来废寝忘食，全然忘了她这个女友，比如不解风情、不关心自己，情人节、她的生日都需要她提醒才会送礼物。

W 听完之后，说了句："既然这么差，那换掉这个男友好了。"这回小堂妹不乐意了："瞎说什么呢，我可没有说要分手。"W 无辜地说："是你自己抱怨他这不好那不好的啊！""哎呀，我跟你说这些，是想问问你，有没有什么办法可以改变他啊？"小堂妹问 W。

W 告诉我，她太了解这个堂妹了，人是单纯善良的，但是大小姐脾气严重，也不是谁都能受得了的。她堂妹的这个男朋友虽然木讷了点，但是赚钱能力好（公司的技术骨干），对她堂妹言听计从，可以说是蛮不错的了。于是 W 跟她堂妹说："我觉得他没什么好改的，倒是你要稍微收敛下你的大小姐脾气。"小堂妹简直要气炸了，觉得 W"吃里爬外"，帮外人说话。W 趁机使用激将法："大小姐，你看你又要发飙了吧？让你改脾气看来比登天还难。"就这样，在 W 的激将法下，小堂妹答应 W，与男友相处时改改自己的脾气。

隔了一段时间，小堂妹喜滋滋地跑来跟 W"汇报"，自从她不再对男友大吼大叫，男友一开始还有点不适应，她只得不好意思地告诉男友，是她堂姐让她改改大小姐脾气。男友听了很感动，也开始检讨自己的不足，现在两人的感情比以前更好了。“原来，要改变别人，只需要先改变自己。”小堂妹对 W 当初的建议感激不已。

我们总是很容易看到别人的不足，却很难看到自己的缺点。在抱怨别人之前，不妨先反思下自己吧。

4

生活中，我们难免会遇到一些不如意的事，偶尔吐槽一下无可厚非，可是如果长期一味抱怨，浑身充满了负能量，满脸都是怨怼，那么再漂亮的脸蛋都会变得黯淡无光。

有些人会抱怨工作，抱怨家庭，抱怨朋友，抱怨恋人，抱怨社会，却唯独没想到：抱怨自己。他们一味向外索取，却不会想到向内反省。

没有人会喜欢一个爱抱怨的人。不管是亲人还是朋友，任何人都不愿意听没完没了的抱怨。你的抱怨，只会让越来越多的人远离你。

试想一下，对于已经发生的事，你抱怨又有什么用呢？反而会让事情变得更加糟糕。我回想起初入职场时，对工作有诸多怨言，觉得自己不被重视、大材小用，反而让自己的处境越来越艰难。

因此，不要一再抱怨了，与其在抱怨中孤立自己、贬低自己，不如坦然接受现实，积极应对困难，在改变中提升自己、突破瓶颈。

要知道，不抱怨的人生真的很美！

辑五

看似轻松的人生才是最累的

给你的朋友圈
做做减法吧

1

我的读者中，一位即将毕业的医学生曾跟我诉苦，他说自己因为删了微信里一些不相干的人，被那些人骂。“你删他们的原因是什么？”我问。

“都是一些参加了某次活动时加的好友，加了之后也没说过话。我马上要进入医院工作，我觉得以后跟那些人也不会有交集了，想要清理朋友圈，就删了。都怪自己以前太热衷于交友，什么活动都去参加，现在发现并没有什么用。”

我告诉他，删了就删了吧，其实就算你现在不删他们，等你工作个几年，这些人自然而然也就不会有联系了。只不过你采取的方式比较激进，他们一时半会儿接受不了罢了。这位医学生恍然大悟：怪不得，骂我的都是大一大二的学妹。

2

对于交朋友，我的观点一贯是重质不重量。我的一位朋友小颜，属于社交达人，工作之余流连于各类社交场合，朋友圈经常晒一些“高大上”的聚会照片。她曾苦口婆心地劝我：青春苦短，别成天宅着浪费生命了。我说我一“3”字开头的人了，还有青春吗？我这副破罐子破摔的架势让她既痛心疾首又无可奈何。

某个深夜，小颜突然在微信上找我，要我推荐书目，声称要闭关修炼。我说你受什么刺激了？青春苦短，闭关不是浪费生命吗？小颜忍不住向我诉苦。她说，过去总以认识某行业大咖、某领域牛人为荣，如今才发现，牛的是他们，跟自己并没有什么关系；过去以为自己有一帮关系很铁的朋友，如今才发现，真遇到了什么事，能帮你的寥寥无几；过去以为自己朋友遍天下，如今才发现，心情郁闷想找人聊天时，翻遍了朋友圈，竟找不到一个可以倾诉的人。

很多人有一个错觉：以为“认识”了某个人，就算朋友了。殊不知，从“认识”到成为朋友，还隔着马里亚纳海沟和喜马拉雅山峰的距离。“认识”并不代表“认可”，人际交往本质上还是讲究一个实力对等，这听上去很功利，但现实就是如此。实力对等，才能实现资源互换，比如商界大佬和影视明星，看似风马牛不相及，但他们依然可以坐在一起谈笑风生。

因此，当你实力还不够时，假如你有幸进入了一些“高端”场合，你也要有清醒的自我认知——在这些场合认识的人，并不是你的朋友。有个女作家曾写过京城老男人的饭局，这些有头有脸的老男人吃饭，喜欢邀请一些年轻美貌或有点才气的姑娘，而这些姑娘心里自然也打着小九九，在饭局上竭力表现，想要借此结交“上层”人物，为自己寻找发展机会。可是在那些老男人的眼里，她们不过是饭桌上的配菜而已，是用来调节和活跃饭局气氛的。

3

有一项研究表明，按照自然的社交规律，每隔七年，一个人的朋友圈子就会大换血，我们会不断结识新的朋友，也会失去大概一半的老朋友。如今发达的网络通讯工具减少了这种“失联”，但是有些朋友虽然还躺在你的通讯录里，其实你们一年到头也不会有交集，过年收到条群发的祝福信息，要想好一阵子才回想起来这人是谁。

这个社交规律，可以从两方面理解：一方面，如果不结识新的朋友，随着时间的推移，老朋友不断流失，你可能会越来越孤独；另一方面，既然隔七年会有一半左右的老朋友流失，那你现在所做的社交，很多都是“无用”社交。这也是为什么很多文章提倡要摒弃无意义的社交。

可是，到底什么属于“无用”的社交，什么才是“有用”的社交，有时候也很难界定。在我看来，交一些志趣相投的朋友，不失为一个好的选择。有着共同的兴趣爱好，会更有共同语言，也可以相互探讨，相互监督，共同促进。因此，与其费尽心机去交友，不如发展一项自己的兴趣爱好或者去做一项自己喜欢的事业，在这个过程中，你自然而然能结识一些志同道合的朋友。

4

人到了一定年纪，会倾向于“做减法”，决定把主要精力投放到哪个领域，决定舍弃哪些东西，都会有所取舍，对于朋友也是如此。在现实生活中，有几类人是不值得交往的，如果碰到了，请尽快远离，及时止损。

第一类，只会一味索取的人。真正的朋友是互帮互助、互相关心的，可有些人总是频频找你帮忙，还把你的帮助当作理所当然，有一天轮到你找他帮忙，他却面露难色，说自己无能为力。心理学家武志红曾谈到有段时间为了改变自己，逼迫自己去结交了很多朋友，但到后面，他跟很多朋友慢慢都断了联系，只剩下零星的几个，反而大舒了一口气。他仔细思考了一下，发现在这些“断交”的朋友关系中，自己都属于付出的那一方，很少有回报，于是他得出结论：是他的潜意识为了保护自己，帮助他做出了选择。

第二类，只会向你诉苦的人。每当遇到了什么不开心、不顺心的事，我们很多人不会向家人倾诉，甚至不会向自己的另一半倾诉，而会找朋友倾诉，因为你的朋友可能是比你的家人和另一半更了解你的人，而有些事情也只适合跟朋友讲。不得不说，这个时候朋友一句简短的安慰语甚至只是简单的陪伴也会让你的内心温暖许多。但是，如果一个朋友每次找你都是诉苦，抱怨这抱怨那，从来没有哪次是带来好消息的，那么你还是考虑远离这样的朋友吧，要么他本身就是个负能量爆棚的人，要么他把你当成了情绪垃圾桶，倒完就走。

第三类，喜欢强人所难的人。有些人总喜欢把自己的意志强加在别人身上，逼迫别人做一些他不喜欢的事，如果别人不顺他的意或拒绝了他，他的脸色就会变得难看，这样的朋友不懂得尊重和理解他人，不交也罢。比如那些在饭桌上拼命劝酒说什么不喝就不是朋友，不喝就是不给面子的，那就不要给他面子了。真正的朋友才不会强人所难，真正的朋友会关心你的身体。

说到底，每个人的一生中真正的朋友都不会很多。所以，那些经过时间沉淀依然无话不说无微不至的朋友，我们真的要好好珍惜。

比成功更重要的是对自己的肯定

某天晚上，我在房间里看书，忽然听到外面有个男的在打电话，一开始我以为这人是在隔壁的阳台上打电话，后来发现不是，是在我家楼下的马路上。他的声音很大，似乎是跟一个女的在打电话，具体聊了些什么内容，我没仔细听，但有三句话我听得一清二楚："像我这么帅气的男人……""像我这么优秀的男人……""像我这么高素质的男人……"

这三句话不是连续出现的，而是间隔着出现，有的甚至重复了好几次。我听得心里直翻白眼：哪来的这么自恋的男人，你咋不上天，你咋不和王思聪肩并肩呢？可惜天太黑，否则我真想一睹如此"帅气、优秀、高素质"的男人的风采。

我把这事当作一个笑话讲给一个朋友听。讲完之后，我忽然觉得，我干吗要嘲笑别人呢？这种"自恋"何尝不是对自己的一种肯定呢？

大学的时候，我们班有女生特别羡慕那些读工科的女生。我们学校号称男女比例 7 ∶ 3，可惜在文科专业，基本上还是女生多于男生；在工科专业，男女比例 10 ∶ 1 也并不夸张，有的甚至可达到 20 ∶ 1、30 ∶ 1，班里的女生哪个不是像大熊猫一样被呵护着。

有一次，我和一个同学聊起共同认识的一个建工学院的女生 A，她有点不可思议地说，你看 A 长得很普通吧，可据她自己说起来，倒有好几个男生追她呢！我想了想说，大概是工科班女生比较少的缘故吧！

现在想来，并不能简单地用“供需理论”来解释。A 虽然相貌平平，但是浑身上下散发着一种自信、积极、活泼的力量，即使说起自己通宵画图的经历，她也是眼含笑意、眉头舒展，听不到任何抱怨和诉苦。这才是她吸引男生的地方吧？

反观一些女明星，本身长得清新甜美，却硬生生整成了千篇一律的网红脸。有一次我看到一篇报道，讲到一位女明星整容的原因竟然是她一直觉得自己不好看。可她整容前明明又可爱又清纯，倒是整容之后原有的邻家女孩气质荡然无存了。

每个人对自身的外貌、身份、行为、定位等都会有一个评价，即自我价值感。一些人倾向于认为，一个人自我价值感高，是因为这个人够优秀，即他有很多优点和成就。但事实上，有些外人看起来很优秀的人，自我评价却很低。

演艺明星大张伟十几岁就以花儿乐队主唱出道，一路磕磕绊绊走来，现如今转型为炙手可热的综艺大咖。在台上，他极尽搞怪逗趣之能事，却被贴上浅薄的标签。

但是看过大张伟大量综艺节目的人却发现，大张伟其实读书很多，涉猎广泛，反应敏捷，不管什么梗他都能又好又快地接住。圈里人评价大张伟看问题深刻透彻，且总能够用轻松幽默的语言深入浅出地表述出来。

可这样一个大张伟，他的自我评价却低得惊人。他总是焦虑，觉得自己“什么事都没干”。但实际上，他一周飞四个城市录四档综艺节目，七天总共只睡了 24 个小时。他总是觉得，“我一直都不够好啊！长得也不好看。”“我多懦弱啊，看不到结果就不敢去做。什么都放不下，也不知道为谁活着。”才 30 多岁的大张伟已经长出了许多白发，无时无刻不处在焦虑中。

一位记者朋友小庄告诉我，因为工作的缘故，她接触过很多成功人士，他们看似光鲜亮丽的背后，往往都有不为人知的一面。而更让她惊讶的是，一些成功人士，在外人看起来他们获得了普通人难以企及的财富和名望，但他们也像大张伟一样，自我价值感很低，过得并不快乐。

小庄感慨，取得世俗意义上的成功固然让人羡慕，然而获得心灵层面上的自我认可同样也很重要。

有的时候，那种“低价值感”可以成为一种驱动力，促使人不断攀上新的高峰，变得更加优秀。可是，如果内心始终无法认可自己，即使登上顶峰又如何？他的人生依然过得十分拧巴。

而自我价值感高的人，内心更富足，更充盈，行为可能更自在，更有创造力。“高价值感”决不意味着满足于现有的状态，停滞不前，而是对自己取得的每一点进步、每一步成绩都给予积极的、正面的肯定。

同样的攀登过程，自我价值感高的人体验到了更多沿途风景的美好，自我价值感低的人可能会一直处于焦虑中，无心欣赏沿途的风景。

我的读者里有一位女老师，脸蛋漂亮，身材凹凸有致。有一天，她在微信上跟我倾诉，她在学校的教学大比武中只得了二等奖，觉得自己很差劲，什么都不如别人。我不假思索地打了一行字：“怎么会？你那么美，而且二等奖已经很不错了啊！”

然而，我马上意识到，我也有过和她同样的感受。有很多年，我对自己的评价也很低。我觉得自己不好看，其实很多人说我的小眼睛很可爱，特别喜欢我笑起来的样子；我觉得自己情商低，其实也有人觉得我这种直爽的人交往起来比较简单、轻松；我觉得自己工作不够好，赚得不够多，其实在外人看来我的工作体面又稳定。一直到现在，我依然不是一个特别自信的人，好在这两年我改变了很多。

我渐渐领悟了小庄的那句话：获得心灵层面上的自我认可很重要。

学会接纳自己，肯定自己，懂得鼓励自己，欣赏自己，内心和谐安定，做自己爱做的事，爱自己所做的事，这又何尝不是一种成功呢？

很多事情
没有你想得那么难

说出来不怕你们笑话，我之前从未想过我这辈子还能开车上下班。

我是个方向感很差很差的人。一说到方位，我要先默念地理课上学到的那句口诀：上北下南左西右东。问题是，放在具体环境中，到底哪边才是东？曾经有个朋友像看怪物一样看我：“太阳升起的地方就是东边啊！”可是，我怎么觉得太阳从早到晚都是在我头顶上的呢？

我工作的第二个乡镇有两幢楼，我们内部管一幢叫党委楼，另一幢叫政府楼，但是外面有很多人是不知道这个叫法的。有时候通知一个会议，别人问：“是东边那幢楼还是西边那幢楼？”我想了半天，说：“是大门进来左边那幢楼三楼会议室。”对方“哦”了一声：“那就是东（西）边那幢楼？”我不知道怎么回答，不过觉得自己已经交代清楚了，就胡乱应了一声。

下次再通知会议，又有人问，是东边那幢楼还是西边那幢楼？我早就忘了，于是故伎重演：“是大门进来左边那幢楼。”对方又“哦”了一声：“那就是东（西）楼。”我不知道为什么这些人总要拿东还是西再确认一遍，而我也永远记不住哪幢楼才是东楼，哪幢楼才是西楼。事实上，我在那儿待了四年，直到离开，我都没搞清楚。

方向感差，加上有很严重的晕车，工作好几年，我一直没有学车，潜意识里觉得，自己是学不会的，就算学会了，也不敢开。

促使我学车的是一件很偶然的事。还在乡镇工作时，有一天晚上加班比较晚了，我在骑自行车回宿舍的路上，误以为有人跟踪我，吓出一身冷汗。惊魂未定之际，我终于下定决心：一定要学车，再也不想过这种担惊受怕的日子了！

于是麻利地交了钱开始学车了。考理论我不怕，很快就过了，至于场地和路考，想到自己天资愚笨，我做好了至少要考两次才能过关的准备。万万没想到的是，场地和路考我全部一次性通过了。而且更神奇的是，我坐车会晕车，开车却一点也不晕。

经此一试，我信心大增，提了车乐颠颠就开回单位了，从此过上了开车上下班的便利生活。

作为一个方向感巨差的女司机，我开车闹过不少笑话。比如，在市区开车还要靠导航，没有导航，我就找不着路，还被导航坑过好几次，绕了远路。比如，有一次朋友聚餐，我从饭店里出来，找了半天找不到自己的车，最后一个朋友绕到后门帮我找到了车，我才恍然大悟：我是从后门进来，从前门出去的，我还以为是从同一个门进出的。

其他的还有很多，到现在我还不会侧方停车（也不知道当时考试是怎么考过的），开车技术也很一般，但是，这并不妨碍我成为一名快乐的女司机。相比自己开车的便利，这些又算得了什么！

最重要的是，学会开车后，自己的性格也开始有了一些改变。以前的我做事总是瞻前顾后、思前想后，在脑袋里先勾勒出一大堆的困难，再逐一思考解决对策，但往往我被自己想象中的困难先吓破了胆，还没开始就已经放弃了。

事实上，很多事情真的没有你想象得那么难。

难就难在迟迟不开始，开始做了，就不难了。

我的朋友小陈告诉我，他当初由程序员到项目经理，完全是被逼“赶鸭子上架”。那个时候，他们团队的项目经理在项目进行中途离职了，公司一时找不到合适的人选，就让小陈临时当了项目经理。小陈犯难了，作为一名程序员，他在技术上还算得上过硬，但项目经理要写大量的文档和报告，还需要方方面面的协调沟通，与不同的人打交道，这对于文笔不好又不善言辞的小陈来说，无异于天大的难事。

临危受命的小陈向一位程序员出身的项目经理请教，对方很慷慨地传授了这几年做项目经理的经验，并鼓励小陈："不要把事情想得太难，试一下又没有什么损失，大不了重新做回程序员嘛！"

前辈的话让小陈放下了心理包袱。于是在和前任项目经理交接工作、和客户重新对接需求之余，他还利用晚上的时间狠补了项目管理知识。整个项目期间，小陈几乎每天只睡4个小时，每晚临睡前满脑子还想着：今天的工作安排是否合理，流程是否需要优化，团队成员是否需要帮忙，明天要和哪些部门对接……最终，项目如期完成了，客户比较满意，小陈也得到了公司领导的赞许，凭借这一次的出色表现真正走上了项目经理的职位。小陈发现，做项目经理原来真的没有他想的那么难，其他部门还是很乐意配合的，客户也并不是蛮不讲理的，写报告也不需要多么出彩的文笔……

太多的困难，都是自己想象出来的，你不去尝试一下，永远不知道自己有多大的潜力。

曾经看过一部纪录片叫《搭车去柏林》，讲的是美籍华裔小伙谷岳、纪录片导演刘畅二人从北京搭车去柏林的经历。他们从北京的后海出发，一路上只依靠陌生人的帮助，共搭车 88 次，经过 16000 多公里、13 个国家，穿越中国、中亚和欧洲，最终到达了柏林的布兰登布格尔门，搭车之行完美落幕。在出行之前，谷岳也有各种担心，但最后他发现：“如果你真正想做成一件事，全世界都会来帮你。”

对这句话，我是深有感触。

我开始做网络电台，就有热心主播为我推荐设备，指点我的发音问题。

我开始做公众号，就有热心朋友发来一大堆自媒体知识供我学习。

我开始码字，就认识了一帮热爱写作的朋友，还有热心编辑帮我推荐。

真的是这样，当你真正想做一件事的时候，全世界都会来帮你。你，还有什么理由说难呢？

看似轻松的人生
才是最累的

1

早年工作时有一位同事，上班时成天吊儿郎当的。有一次我让他给一个重要的会议拍几张照片，写篇通讯稿放在单位的网站上。结果他拍的照片不是太暗就是主题不突出，没有一张可以用，写的通讯稿则是通篇不知所云，甚至还写错了一个领导的职务。就是这么几张连手机拍照都不如的照片和不到500字的通讯稿，他还叫苦连天，称自己花了好大的力气才完成的。

自那以后，除非万不得已，我再也不敢找他做任何事了。我估计很多人都有过这种不愉快的合作经历，所以到了后来，他越发没什么事干，清闲自在。照理说，他这样的人生很轻松才对，可我每次碰到他，他都是一副无精打采、疲惫不堪的样子。直到后来，我读到英国小说家 J.K. 杰罗姆的一句话才恍然大悟。他说："只有在你工作堆积如山时，你才可能享受闲暇。当你无事可做时，空闲就变得一点都没有趣，因为空闲就是你的工作，而且是最耗人的工作。"

原来，无所事事也是很累的，有些轻松只是表面上的轻松而已，实际上这种轻松对心理的损耗是巨大的。

2

开公众号写作以来，我认识了不少"90 后"，他们身上的那股拼劲令我汗颜，自叹不如。

小韩是一名陕西姑娘，大学也是在陕西念的。大二的寒假，她和她的小伙伴突发奇想要去"北漂"。她在网上找了份超市促销员的工作，到了后才发现被黑中介骗了，中介收了他们的定金，却没有介绍工作。小韩没有气馁，重新找了份餐厅服务生的活，每天干 12 个小时以上，住简陋的员工宿舍。和小韩一起来的朋友没干几天就回家去了——新鲜感过后，残酷的现实击碎了她的幻想，她吃不了这样的苦。但小韩却坚决留了下来。那年，她没有回家过年，还利用工作之余难得的休息日把北京的长城、故宫、香山、颐和园等逛了个遍，也坚定了内心的想法：毕业以后一定要来北京发展。

小韩学的是护理专业，她的同班同学毕业以后大多回了家乡的医院，而她循着内心的“北漂梦”来到了北京，进了北京一家医院。偏偏，她被分到了最忙、最累，压力最大的科室——重症监护室。有那么几个月，小韩忙到连生理周期都出现了问题。重症监护室不仅工作量比其他科室要繁重得多，更特殊的是这里的病人大多生命垂危，走在生死边缘，生离死别的场面让小韩的内心受到了很大的震撼。小韩将工作中的感悟写成一篇篇文章，投稿到行业专业网站，没想到很多都被录用了。

在这家医院工作了大半年后，小韩迎来了人生中的第一个转机——医院的宣传部门看到她发表在专业网站上的文章，向她抛来了橄榄枝，这个职位主要是负责医院官方网站和微信公众号的运营。小韩毫不犹豫地转了岗，这份工作比起护理不仅要轻松，而且职业前景更广阔，就她自己本人来说，也更喜欢文字工作。

但是小韩也并不满足于过轻松的日子，她周一到周五在医院宣传部门工作，周六、周日在一家私人牙科诊所做护士，她的“北漂”生涯满满当当，一年365天没有一天休息日。

听完小韩的经历，我由衷地称赞她：“你身上既有年轻的勇气，又有超出年龄的成熟，你会越来越好的。”对于自己这“365天无休”的工作模式，小韩是这么看的：年轻的时候吃苦，总好过老了吃苦，现在怕累追求轻松的日子，只怕以后会更累。

3

对这一点，我深有体会。我大学毕业之后去了乡镇工作，不得不承认，当时自己内心也是有想过轻松日子的想法。而我的同班同学，有去外企的，有去电视台的，有去互联网公司的，也有考研失败准备继续考研的。我在过了三年的轻松日子后，读研的那一批同学也出来工作了，有的进了管理咨询公司，有的进了信托公司。自此，无论是在收入上还是见识上，我和他们的差距越来越大。

于是，我寻找机遇，主动走上了文字岗位，过上了夜夜加班的日子。去年又开了微信公众号和网络电台，白天上班，晚上码字、录音，周末也几乎不休息，偶尔看场电影都觉得是一种奢侈的享受。而我的同学们，很多已在中层或管理岗位，钱赚得比以前多很多，工作却比刚入职场时更轻松和自由了。

你看，在我的同班同学中，当初我选择的那条路看似是最轻松的，然而七八年过后，我却过得比他们都累。

当然，我现在的累一部分也是我主动选择造成的。在很多人看来，我从乡镇到部门后，完全可以过悠闲的日子了，我却把业余的时间拿来写文章、经营网络电台，无异于自讨苦吃。但是这么多年，我越来越坚信：哪怕是在体制内，也要让自己有随时离开体制的能力。若没有居安思危的意识，等哪天这份工作不再稳定了，而你的职业能力多年来一直没有长进甚至倒退不少，到时候只有束手无策、欲哭无泪的份。

曾经看到过一篇文章，讲的是20世纪80年代初至90年代末，很多来自农村的优秀初中毕业生，冲着“国家包分配”这一点报考了中专，但是毕业之后大多被分配到了基层，被“中专”这个文凭约束在了最基层。分到基层政府机关和乡村小学的都还算好的，最惨的是那些分到地方国有企业的。他们工作后不久，就面临地方国有企业改制，被迫下岗，这批人中的有魄力者通过自主创业成了富翁，而更多的则是整日为生计奔波，勉强养家糊口。所以说，哪有什么永远稳定的工作，靠得住的只有自身稳定的谋生能力。这些读中专的人当初看似走了捷径，但往后的人生要改变命运却付出了超出常人很多倍的努力。

人生的道路是充满陷阱的。有的路看似平坦，走起来轻松，但那极可能是条下坡路，只不过因为坡度很小，走的人浑然不觉。可是走着走着，你就陷入了山穷水尽的地步，到那时你再想要改变，就要困难得多。

而有的路看似不好走，甚至布满荆棘。但是一路披荆斩棘过后，迎接你的将是瑰丽的风景，到后来，你的路会越走越平坦，越走越开阔。

很多时候，主动选择那条难走的路，反而是一种智慧的选择。看似轻松的人生才是最累的。

学会不断清零，才能轻装上阵

1

你有没有过这样的体验？电脑用着用着，突然无法启动了，而解决的办法，通常只需要重装系统即可；你正在微信上和别人聊得欢快，突然被迫退出登录了，再次登录微信，发现之前的数据已经全部丢失了。刚开始遇到这种情况，我会捶胸顿足：电脑里的一些资料没有事先备份，和某个人的微信聊天记录没有及时保存，就这样没了……有一天，我又遇到了微信数据莫名其妙清零的情况。这一次，我的内心突然产生了一种奇妙的感觉，我觉得我使用的东西其实是以这种方式在提醒我：该清零了，否则不堪重负了。

此后，我学会了定期整理房间、清理物品，把一些不用的东西能送人的送人，该扔掉的扔掉。日本杂物管理咨询师山下英子在《断舍离》一书中说：“不用的东西充满了咒语般束缚的能量。”的确如此，每次看着宽敞的房间，内心都有种说不出的舒畅和愉悦，整个人都轻松起来。

人生又何尝不是如此，每个人都要学会不断清零，以“归零”的心态面对人生。

2

雷子去年底谈了个女朋友，两人工作相似，兴趣相投，三观一致，属于一见钟情。雷子天天在朋友圈秀恩爱，认识雷子多年的朋友都说，雷子谈过那么多女朋友，从没见他这样秀过恩爱，看来这次是遇见真爱了。果不其然，两人你侬我侬，没谈几个月，就准备过年见家长，商量订婚、结婚事宜了。我和雷子开玩笑说：“你这个浪子也有被收编的一天啊！”

今年，我忙得焦头烂额，几乎断绝了一切社交活动。某天突然想起来好久没有雷子的消息了，于是在QQ上问他：啥时候可以喝你的喜酒啊？过了一会儿，他回过来一句：

分了。

什么？我惊得喝水差点被呛到。

怎么回事啊你？不是都准备结婚了吗？你女朋友哪里不好啦？我噼里啪啦打了一串字过去。

雷子沉默了好久，然后告诉我，她没有什么不好，问题出在他自己身上。雷子很小的时候父母就离婚了，那之后生母再也没来看过他，父亲再婚后他也感受不到家的温暖。当他和女友开始谈婚论嫁时，他想到自己的原生家庭，突然无比害怕走进婚姻。他一再拖延见家长的时间，直至拖无可拖，他和女友说能否先不考虑结婚了。雷子的女友觉得不可理喻，当初结婚是雷子自己提出来的，现在又说不想结婚了，如果他没有那么早提结婚，她觉得继续谈一段时间恋爱也无妨，但他现在如此反复无常，她不禁怀疑雷子对她的真心。两人为此争吵了好几次，最后以分手告终。

“父母离婚对我造成的心理阴影太大，我这辈子是结不了婚了。”雷子对我说。

我坐在电脑前，一声叹息。

不知从什么时候开始，“原生家庭”这个词突然流行起来，你考试没考好，工作不顺，婚姻不幸福……好像一切都能从原生家庭那里找到原因。是的，原生家庭是会对你的人生影响比较大，但心理学提出“原生家庭”这个概念，是希望一个人在找到原因后能积极改变自己，而不是把什么都归罪到“原生家庭”上面，然后理直气壮为自己开脱。

也许原生家庭对你童年的伤害确实比较大，但在成年后，你要学会“清零”，和过去告别，积极消除“原生家庭”不利的一面。

3

芳芳大学毕业后进了一家大型国企工作。这家国企很不好进，每年招人都要经过好几道笔试、面试，层层筛选。芳芳本来以为进来的都是和她一样的名牌大学毕业生，结果发现同一批进来的朵儿居然是三本毕业的，还和她分到了同一个部门。芳芳打心眼里瞧不起朵儿，甚至怀疑朵儿是通过关系进来的。

过了几年，公司面向所有年轻人进行中层岗位竞聘，大胆提拔年轻人。结果最后，朵儿竞聘成功，芳芳落选了。这下子，芳芳心理更加不平衡了，觉得公司人事制度黑暗，自己怀才不遇。

其实，朵儿哪里有什么关系。芳芳没看到的是，朵儿虽然是三本毕业，但是她在大学里学习格外刻苦，每年专业成绩排名都是前三，还是学生会副主席，正因为她表现特别突出，所以才能和其他名牌大学的毕业生一样进入这家国企。

进入公司后，朵儿觉得自己三本出来的和名牌大学出来的有差距，所以在工作上比别人更努力、更拼，对待每一项任务都是兢兢业业、竭尽全力，还积极向老同事请教，迅速提升自己的职业技能。而芳芳呢，部门领导分派给她的任务她嫌太简单，草草完成，不当回事，觉得自己一个名牌大学生大材小用。几年下来，朵儿早已把芳芳拉开了一大截，而芳芳还沉浸在自己的名校光环里醒不过来。

当你踏入职场的那一刻，你就要忘掉自己的学校了。名校可以成为你进入一家大公司的“敲门砖”，却也可能成为你职业道路上的“包袱”，你总不能抱着名校毕业证工作一辈子吧？事实上，工作几年之后，公司招聘更看重的是个人的工作经历和能力，而非学校出身了。

4

我们每个人的人生都会有顺境，也会有逆境，会经历挫折失败，也会取得成功和荣耀，有欢乐，也有悲伤，若不学会“清零”，人生这个“容器”就会越装越多，拖累未来的运行速率。

“清零”，就是既不让坏的影响将来，也不让成绩成为“包袱”。

“清零”，就是午夜的时钟回归零点，开始崭新的一天。

“清零”，就是破茧而出的蝴蝶，飞向广阔的天地。

请让你的人生保持随时清零的能力。

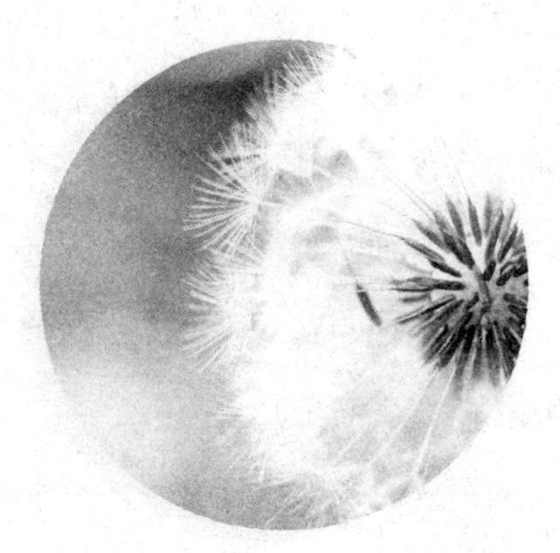

既然那么累，别努力了啊

你有没有觉得很累的时候？很累很累，累到快撑不住下去的时候，心中是否有个小人对你说：既然那么累，别努力了啊！

这时，另一个小人跳出来说：不，像我们这种一没背景、二没姿色、三不会来事的人，除了努力，还有别的选择吗？思来想去，再不努力，真的就一无是处了。

那么，我们努力的意义是什么？

我们努力，是为了拥有更多的选择权。

有一个耳熟能详的故事：一个富人在沙滩散步，见到一个穷汉衣衫褴褛地躺在礁石上晒太阳。

于是富人就对穷汉说：你为什么不去挣钱呢？

穷汉说：挣钱干什么？

富人说：挣钱开工厂。

穷汉问：开工厂干什么？

答：可以挣更多的钱呀！

再问：挣更多的钱干什么？

又答：开更多的工厂呀！

再问：下面呢？

又答：有了许多的钱就可以买海边最好的别墅！你就可以无忧无虑地海边晒太阳了啊！

穷人说了一句：对不起，我现在已经在晒太阳了，你走吧！

你看，你奋斗一生，吃苦一生，最后还不是跟我一样在海边晒太阳？来，干了这碗鸡汤，从此不必努力了。

这则故事的逻辑真的没毛病吗？努力和不努力的区别在哪里？在于选择的权利。同样是晒太阳，穷人只能在这片海滩晒，但富人还可以去三亚晒，去夏威夷晒，去马尔代夫晒，想去哪里晒就去哪里晒。富人除了去海边晒太阳，还可以去西伯利亚看星空，去南极看企鹅，去北欧看极光……努力的人比不努力的人多了更多的选择权。

知乎上有人说，“人的生活质量有一个上限和一个下限。我们努力是为了不断提高我们的上限，但不代表我一定要活到上限。”

前几天，看到朋友圈有个畅销书作家上了作家富豪榜，但依然吃着路边摊。难道你会说，他还不是跟我一样吃路边摊？努力有什么用？努力当然有用，你只能吃路边摊，而他既可以选择吃路边摊，也可以选择吃豪华餐厅。这就是努力的意义。

我们努力，是为了让身边的人过上更好的生活。

专栏作家连岳曾指出，所谓“三代出贵族”，指整个家族系统的进化，才有可能形成合力，不停地把更优秀的成员和后代往上托举。

可现实生活中，每一代总有一两个作男作女在船上凿洞，大家没一起淹死就谢天谢地了。

我有一个远房堂弟，前几年跟公司领导意见不合，负气离职了。那个时候，他的女儿刚出生，他的老婆也辞职在家带小孩，两个人都没有工作，养小孩花销又大，于是成了摊手要钱的“啃老族”。

老实说，两位老人都是地地道道的农民，也没多少钱可以啃的。

我的堂弟辞职后，大半年找不到工作，他妈看他天天待在家无所事事，心急如焚，托我帮忙。后来正好我一个朋友的公司招聘网管，我看我堂弟符合基本要求，就极力推荐他。朋友爽快地答应了，说先看一下简历，合适的话优先录用。

我兴冲冲地给堂弟打电话，叮嘱他尽快把简历发来，机会难得。谁知他支支吾吾地说，自己刚找到工作了，一个朋友介绍的。我问，月薪多少啊？他说三千。这薪水跟我朋友公司职位的差不多。我也没细问，这事就这么过去了。

过了一段时间，我跟我妈谈起这事，她惊讶地说："他没去上班呀！我早上买菜还碰到他妈，说他还在家待着呢！"我至今不明白他为什么拒绝了我给他介绍的工作。

如今三年过去了，我堂弟的老婆已重返职场，而他依然闲在家里，除了偶尔网上投投简历，从来没去人才市场正儿八经找过工作。他们的婚姻亮起了红灯。

两位老人觉得愧对儿媳妇，只好更卖力地赚钱。他的老父亲有一次在工地上被砸到了脚，还没等伤痊愈又出去当苦力了，就为了一天多赚个一两百。

你不努力，总要有人替你努力；

你岁月静好，总要有人替你负重前行。

努力，是为了让身边最亲最爱的人少一点辛苦。当他们都在努力的时候，你又有什么理由放任自流呢？

我们努力，是为了获取更高级的愉悦。

资深媒体人葛怡然说，往往那些越厉害的人反而越拼，而井底之蛙，你看看我，我看看你，好像大家都差不多，觉得自己也蛮好的。

天天葛优躺、追肥皂剧的日子真的快乐吗？自然是快乐的！然而天天如此，月月如此，年年如此，恐怕你会陷入一种莫名的空虚。

一个做公众号的朋友告诉我："我发现自己创业不是为了钱，确切地说，不仅仅是为了钱，钱当然是要赚的，但这是其次的，想方设法把一件事做好，做到极致，这让我很有成就感，这才是让我真正快乐的事。至于钱，只是创业的附属价值。"他经营了一个读书类公众号，一年时间从零做到了几十万粉丝，最近又在忙着筹备一个情感类电台公众号了。

那些每天跑 10 公里，5 点起床写作，录音到深夜的人，你觉得他们在自虐，或许他们只是在追求一种更高级的愉悦。在马斯洛的需求层次理论里，这是排在第五层也是最高层次的需求——自我实现的需求。

不过，努力不代表要拿自己的健康开玩笑。当感觉累的时候，也要学会休息。

张弛有度，才能走得更远。

休息，是为了更好地出发。

辑六

姑娘，你野心勃勃的样子真美

自立的女人最好命

1

去年，好友巧筠来找我玩，带上了她的男友。当天回去之后，她发微信消息问我：“你觉得这个怎么样啊？”“挺好的呀，看上去是个居家的男人。”我回答。

“哇，你太厉害了，眼光犀利啊！”她激动地跟我说，“你知道吗？他可会做饭了，我们在一起，饭都是他做的。还有还有，他可喜欢做家务了，家里弄得特别干净……”我看着巧筠絮絮叨叨地讲述，嘴角浮起一丝笑容，她可能忘了，这些事情，在她男友找地方停车的空当，她叽叽喳喳都跟我说过了，否则我怎么知道他是居家男人呢？

我们仨一起吃中饭时，我听到他们在讨论晚上去巧筠家吃饭的事，巧筠的男友说了一句："什么叫去你家吃饭？我去你家哪次不是去做饭的。""让你做饭是给你表现的机会好嘛，我又不是不会做。"巧筠不服气地说。小两口斗嘴耍贫，倒也别有一番乐趣。

巧筠和我一样，农民出身。她从小没了母亲，她爸怕后妈对巧筠不好，一直没有再娶。懂事的巧筠小学五年级就学会了做饭，帮家里积极分担家务。工作以后，很多人催巧筠找对象，她总是笑而不语。她的收入不算高，好在工作稳定，单位包吃包住，她也不乱花钱，不乱买衣服，就这样硬是靠着自己的努力买了车，在县城里买了套 90 平方米的房。然后在 30 岁的年纪，遇见了现在的男友。

"很多人都说女孩子年纪大了不好找对象，其实不是这样的。"巧筠说，"我到了 30 岁，别人给我介绍的对象反而比以前的要好很多，因为我自身条件越来越好了呀！"巧筠的男友是当地人，有套 140 平方米的房子，在小县城，这样的条件也算不错了，不过巧筠自己有房有车，与他交往丝毫没有高攀的意味。当然，这些不过是外在的条件，巧筠最看重的是他身上的优秀品质：有责任心、顾家。

今年 5 月，当我收到巧筠和她男友的结婚请柬时，我想到了一句话：女人，先谋生，再谋爱。

2

我身边有越来越多的女性朋友选择自己买房。对于女人来说，买的不仅是房子，更是安全感和底气。

我在乡镇做妇联工作时，可谓见识到了当地女性生存状态的“冰火两重天”。每年的全镇“三八妇女节”大会上，各路“巾帼英雄”汇聚一堂，女企业家、慈善爱心人士、职场骨干精英，个个面若桃花，谈笑风生，或豪爽大气，或端庄婉约。有位姐姐非常自豪地说，我们女人不比男的差，我们能顶“半边天”。她话音刚落，旁边有个人逗她：何止能顶“半边天”，我看你在家简直可以“一手遮天”了。那位姐姐嘿嘿一笑，眼神里满是掩饰不住的幸福。

可平日里上门诉苦的女性，则是另一番面貌。其实我的本职工作是写材料，妇联工作只是我的一项兼职。老实说，有时候一个材料急着要，我心里是很着急的，只好一边写材料，一边听她们诉苦。控诉最多的就是家暴问题。我一直很难理解家暴这种行为，有什么话不能好好说，非得动手呢？更难理解的是有些人屡遭家暴却不离开那个男的。“你还没结婚，你不懂，我是为了孩子啊！”我懵懂又同情地看着她，既解决不了什么问题，又不知道该如何安慰她。

来的人多了，我渐渐明白，有些女人来我这里，其实并没有奢望我能帮她解决什么问题，她们只是需要一个倾听者，一个发泄情绪的出口，倒完苦水，就又继续回去过那忍辱负重的生活。

可是，日子真的只能这样过吗？这让我想起有一次在一个群里，一个同样遭遇家暴的群友晒出了她那令人触目惊心的伤口。众人震惊之余，纷纷安慰她。有人劝她：“都这样了，离婚吧！其他还有商量的余地，家暴这种，搞不好哪天能把你打残了！”她说：“为了孩子，不能离！”这时一位年轻妈妈直接说：“我离婚了带着孩子不照样过得好好的，你以为这样忍着就是对孩子好吗？”说到后来，她才说，自己没有收入，家里都靠孩子他爸赚钱，如果离婚，舍不得把孩子给他爸，可如果把孩子给她，她又养不起。群里沉默了。

之前她在群里加我为好友后，我一直没特别关注过她。出于好奇，我去翻看了她的朋友圈，满屏充斥着“孩子，妈妈默默忍受着痛苦都是为了你”“孩子，你如果不好好学习，怎么对得起妈妈”诸如此类的说法。看了几页我看不下去了，可想而知她会给孩子施加怎样的压力，突然就有点同情她的孩子，明明是自己无能，却拿孩子当挡箭牌陶醉在“圣母”的角色里，这黑锅孩子背不起！我默默删了她。

后来，这位妈妈又在群里诉苦了几次，但渐渐地，就没人理她了。再后来某一天，有人突然发现，她已识趣地退群了。

曾看到一个说法：女人有两条命，一条生于婚姻，一条死于婚姻。这些经济不独立而在婚姻里苟延残喘的人，她们的命真的是要死于婚姻了。但自立的女人，无论结婚与否，无论婚姻是一帆风顺还是暂时不顺利，她都可以跟随自己的内心去做出选择。

对于未婚的女人来说，看到对眼的男人，你不必去顾虑他暂时的经济条件不佳；看到经济条件好其他方面却不遂你意的男人，你不必因为他的钱产生动摇；遇到经济条件好又看对眼的男人，你也不必有高攀的心理，因为你配得上。

对于已婚的女人来说，即使不慎遇人不淑，你也要有勇气从错误的婚姻中走出来，获得重生，而不是迫于经济压力，挣扎在错误婚姻的泥沼里。

周迅演过一部电影叫《撒娇女人最好命》。要我说，自立的女人最好命。

自立的女人自带光芒，她们的人生已经足够精彩，而婚姻不过是锦上添花的一件事。

自立的女人伸缩自如，无论是身处职场，还是家庭需要做起了全职主妇，她们都能过得风生水起。

自立的女人内心坚定又从容，任何情况下，她们都可以担当自己的人生。

愿每个女人都能自立、自强、自爱。

让自己快乐，
才是人生最重要的意义

姑娘A接到家里电话，说A的弟弟因赌博欠下别人10万元，A的父母东拼西凑才凑了5万，问她能否借5万。“现在讨债的天天上门来，半夜三更砸我们家的玻璃，我们知道你一个人在外面不容易，我们也是被逼得没办法了，才开口问你借钱。”A的母亲说。A心里明白，说是借，其实基本上别指望还了，父母都是农民，且年事已高，一年能挣几个钱呢，而她那个弟弟，只求他往后不要再赌博就烧高香了。

A目前一个月收入一万多，在上海这个寸土寸金的地方，房租、吃饭样样不便宜，5万块，是她一年拼命省吃俭用才能攒下来的钱，老实说，A从工作以来也给家里寄了不少钱，但这次她有点犹豫了。可是，经不住母亲每天打电话来哭诉，A终究还是把钱“借”给家里了。她记得那天打电话跟家里

说钱打过去了的时候，她母亲说了一句："你弟弟要是有你一半懂事就好了。"这句话却深深刺痛了她的心。"小茉姐，我有时候真的不想那么懂事啊！"她跟我说。A 不知道下次还会不会有这样的情况，不知道下次再遇到这样的情况该怎么办，不知道自己什么时候才能在这个城市买房安家。

姑娘 B 的男友是一家广告公司的策划，工作很忙，两人除了周末聚一下，平日里很少见面，碰上她男友出差，则可能一两个月都见不上一面。B 也不是一个黏人的姑娘，她不任性，不撒娇，不无理取闹，男友不在身边，她就和闺蜜聚聚餐、逛逛街，或者一个人写写字、看看书。B 的男友经常在朋友面前夸 B 懂事、识大体，他的那些哥们儿纷纷投来羡慕的眼光。

但 B 却跟我吐槽，感觉自己谈了一场"假"的恋爱，被所谓的"懂事"绑架了。B 告诉我，有一次晚上她生理期，肚子疼痛难忍，发消息给男友问他在干吗，他说在加班呢，明天有一个很重要的客户要谈。B 想反正跟男友说了也没用，还平添了他的烦恼，最后就没把自己肚子痛的事告诉男友。她挣扎着爬起来冲了一杯红糖水，抱着枕头熬了一夜，到了三四点钟才好不容易迷迷糊糊睡着。其实当时，B 的真实想法是：回来陪陪我吧！可懂事的 B 终究还是没说出口。

在我的公众号后台，不时会有些人向我倾诉自己的烦恼，A 和 B 就是其中的两个。我相信，像 A 和 B 这样懂事的姑娘还有很多。这些懂事的姑娘啊，总是处处替别人考虑，时时为别人着想，却唯独压抑了自己的真实感受，活得并不快乐。

我和朋友小辛聊起 A 和 B 的事，她一副恨铁不成钢的样子："这些傻姑娘啊！"

然后，她抛出了一句在我听来"惊世骇俗"的话："你不自私一点，没人会爱你。"

小辛说起自己毕业多年以来对自己家里和哥嫂家的付出，家用的钱她贴，家里的大小事情都是她在奔波，从来没有计较过什么，可是，当她准备买房，想让家里赞助 20 万时，她哥嫂却颇有微词。这让小辛很心寒，她哥嫂的婚房是她父母准备的，而且还不止一套，以她家的条件也不差这 20 万，没想到人在利益面前真是一点不含糊。硬气的小辛索性不要父母的钱了，最后向银行多申请了 20 万的商业贷款。她说："宁可自己多背债，也不想因为这 20 万留下话柄，到时候还以为我拿了家里多少钱呢！不过从这件事我也算是看清了，女人啊，就得替自己多着想，别傻傻为原生家庭付出了。"

"你说得倒是挺轻巧，你能跟原生家庭轻易割裂吗？像 A 这样的，她能看着父母被债主追逼见死不救吗？"我告诉小辛，在农村不知道还有多少像A这样的家庭：一个懂事的女儿，一个不懂事的儿子，父母为不懂事的儿子向懂事的女儿索取无度。

小辛正色告诉我，她也是最近才领悟到，家庭成员之间的相处界限感很重要。孝顺父母当然没有错，可是像A这样的，弟弟赌博输了钱要她还钱算怎么回事呢？万一她弟弟赌博成瘾，那以后可是个无底洞！她必须让她父母明白她不是弟弟的提款机，好让他死了这条心，否则他会以为自己不管做什么永远都有人兜底。不要让所谓的懂事伤害了你自己，先得让自己过得好，才有余力帮助别人。

聊到B，小辛又抛出了一个让我大跌眼镜的理论：“男朋友就是拿来作的，作一作感情会更好！”

“可是，你没看到有些男的吐槽自己的女朋友作吗？”我弱弱地问了一句。

小辛反问我：“那这些人最后和他们女朋友分手了吗？”

“这……据我观察，大部分都没有分。”我想了想说。

“那不就得了。你不要看一个人说了什么，你要看他做了什么——他说的话有可能是口是心非，他的行为才代表他真正的想法，说不定他这边刚吐槽完，那边又乐颠乐颠为女友服务去了。”

“哇，‘老司机’，请受我一拜！”我打趣道。

小辛接着说，“让你‘作一作’，又没让你‘作天作地’，适当地向对方表达一下自己的想法和需求是很有必要的。你像B，自己不说，男朋友怎么会知道她生理期这么痛苦呢？你不让他为你做点事，怎么能体现他的价值呢？”

“太感谢了，我一定把你的‘不自私没人爱’理论和‘作一作感情会更好’理论传授给A和B。”我最后和小辛说。

亲爱的好姑娘们，我想对你们说：不要因为太懂事，而委屈了自己的心；不要因为太懂事，而失去了自我；不要因为太懂事，而不敢表达自己的真实想法。

懂事的好姑娘们，千万要记得，任何情况下都请先好好爱自己，成全自己，让自己快乐，才是人生最重要的意义。

为什么有的女人做什么都出色

我和简姐姐是在合作中熟悉起来的，她有一个 10 万粉丝的情感公众号“遇见简爱”，我是她的主播。令人佩服的是，简姐姐不仅是一名“80 后”情感作家，同时还经营有一家外贸鞋业公司，家庭也美满，夫妻恩爱、儿女双全，羡煞人也。论经商，她与不同肤色的生意人打交道，游刃有余；论写作，她的文章被许多大平台转载，还出版了自己的新书；论教育孩子，她的女儿一直是班里的班长，儿子也聪慧可爱，真可谓样样都出色！

无独有偶，我的大学学姐芸，也是一个样样都出色的女性榜样。我和芸姐姐相识于凤凰读书的写作群，无意间发现彼此是老乡兼大学校友，一见如故，相谈甚欢。那个时候芸姐姐为了女儿的艺术之路，到上海当起了一名陪读妈妈，一日三餐从不怠慢，一蔬一饭，无不精致美味。芸姐姐在当全职妈妈之前是一位叱咤商场的精英，她和老公一起创办了一家工厂，共同打拼十余年。哪怕她现在已离开商场，影响力依然不减当年。有一次，他们家工厂有两笔重要的货款迟迟催不来，芸姐姐在上海的家中打了一下午电话，有理有据有节地逼回了货款，对方当天就把钱打到了银行账上，令她老公钦佩不已。芸姐姐爱好也很广泛，除了写作，书法、绘画、摄影均有涉猎，把全职陪读的生活过得丰富多彩。

反观有些女人，读书时成绩不佳，工作中频频出错，当家庭主妇也是把家里弄得一团糟，没有一样做得好。

为什么有的女人做什么都很出色，而有的女人却什么都做不好呢？从简姐姐和芸姐姐身上，我看到了优秀女人身上共同的闪光点。

首先，优秀的女人身上都有不服输、不认命的那股劲。别看简姐姐现在在广州有自己的公司，有很好的房子和车子，但她的起点却比很多人要低得多。简姐姐出身于湖南的一个小山村，由于家境贫寒，高中没毕业就辍学南下打工了。她先是在一家台资企业做学徒工，后辗转于好几家工厂，个中艰辛，没做过制造业底层员工的人，恐怕很难体会。

按照正常的剧本发展，像简姐姐这样的姑娘，通常打几年工，就会回老家，随便把自己嫁了，但她偏不认命。在打工期间，简姐姐坚持利用业余时间报电脑培训班学习电脑知识，买新概念英语书学习英语，读创业名人传记领悟创业精髓。打了五六年工后，简姐姐已经从一名底层的工人升到了总裁助理，但她仍不满足于当一名高级打工者。她拿出自己的全部积蓄，还借了一些钱开始创业，没有多余的钱请工人，采样板，销售，送货，样样她都自己来，有时候到工厂看货太晚了，就找个附近几十块的简陋旅馆住下。经过多年的打拼，如今的简姐姐在外贸行业立稳了脚跟，生意遍布全球，而和她同样起点的打工妹大多还在工厂里。

我的学姐芸同样也是不认命、爱折腾的人。芸姐姐大学毕业后进了我们当地的县级宣传部门，因为文采好，做事果敢积极，很受领导的器重和同事的喜爱。但是干了几年之后，她毅然放弃了唾手可得的晋升机会，辞职下海经商了。现在的芸姐姐，拥有一家已初具规模、在行业内有一定名气的制造业公司，并把女儿送到了上海最好的音乐附小学习古筝，从小接受艺术的熏陶。

其次，优秀的女人把每一件事都当成一项事业来对待。我每天看芸姐姐朋友圈晒的早餐图都觉得是一种享受。无论是中式的馒头、包子、花卷、烧卖还是西式的各种面包、土司、蛋糕，芸姐姐全都做得有模有样，还会搭配不同的粥类和水果。连早餐都花这么大的心思，可见其对一日三餐的用心。谁能想到，芸姐姐在当陪读妈妈之前是个十指不沾阳春水的女人，商场打拼十几年从未下过一次厨。芸姐姐决定陪女儿到上海读音乐附小之后，连她妈妈都捏了一把汗，怕外孙女吃不好，芸姐姐拍拍胸脯保证："放心吧，下厨有什么难的，我以前不过是没有把心思放在厨房上而已。"她从网上下载菜谱，埋头钻研起了厨艺，无论她女儿说想吃什么，她都一口应下："我给你做，外面买的哪有家里做的卫生、干净。"她讲究食材的精心搭配，突出食物本身的鲜美，做的菜不仅可口，而且赏心悦目，惹得她女儿有一次忍不住赞叹："我上辈子一定是拯救了银河系，才有这样一位好妈妈。"

即便是做家庭主妇，芸姐姐也做成了家庭主妇中的佼佼者，秘诀无非是芸姐姐把家庭主妇也当成了一项事业来对待，用她自己的话说就是："作为老板最关心的是下一张订单在哪里，作为主妇最关心下一顿吃什么，无论身处何处，都要尽心尽职。"

简姐姐对待写作也同样如此。她经常就一篇文章的标题在写作群里征求文友的意见，有时候一篇文章发给我之后，又会重新发修改稿给我，并让我在录音的过程中帮忙看看有没有错别字。我们大多数人只是把写作当成一项兴趣爱好，更新公众号很“任性”，一周最多更个两三期，工作生活忙的时候干脆停更一个月甚至数月，但简姐姐却坚持日更，像经营公司一样经营着她的公众号，也难怪她的公众号短时间内就拥有了10万粉丝。

最后，优秀的女人都是优秀的时间管理者。简姐姐打理着一家公司，还有一对儿女要照料，照理说，她比很多人都要忙，可她写出来的文章却一点也不比我们这些单身人士或全职家庭主妇少，甚至还出了一本书。有一次，我好奇地问简姐姐她是怎么做到的。她告诉我，因为天生体质弱，她从不熬夜，但每天早上天微亮就起床了，打开手提电脑码字，两小时码完一篇文章，接着吃早餐，把孩子送去学校，然后慢跑半小时，再去自己的公司，她的文章就是这样见缝插针写出来的。一个优秀的时间管理者，还善于把相对不重要的事情从自身剥离，比如当简姐姐的公众号粉丝达到五六万后，她就花钱请了个助理，把排版、文章授权等活交给助理做，以便自己专注于写作。

芸姐姐同样是早起的拥趸。为了给女儿准备丰盛的早餐，她每天6点不到就起床了。等女儿心满意足地吃完早餐上学去后，她先去菜市场采购当天午餐和晚餐的食材（为了保证食材的新鲜度，她坚持当天的食材当天采购），回来之后，利用下厨的空余时间写作、画画或练书法。她的文章发表在了很多有影响力的公众号上，书法写得娟秀灵气，至于画画，我没什么鉴赏力，但看上去是意境幽远的国画。很多人劝芸姐姐，当个陪读妈妈而已，何必把自己搞得那么累呢？她说："我不觉得累啊，我乐在其中！以前为了厂里的事一年忙到头没有时间分给自己的兴趣爱好，现在下厨之余有了一点时间，我必须好好利用起来不能浪费了！"

以上就是我在简姐姐和芸姐姐这两位做什么都出色的优秀女性身上发现的共同闪光点，当然，她们身上的优点肯定不止这些。我很庆幸认识了简姐姐和芸姐姐，她们为我提供了学习的榜样，激励着我做任何事情都要全力以赴，激励着我去成为一个更出色的女人。

我那么努力，不是为了嫁给谁

偶然看到一个网络人气情感“专家”的粉丝问答。女粉丝先是感谢了情感专家的“谆谆教导”，在该“专家”的指点下，她一个家境普通的漂亮女孩大学毕业就成功嫁入了“豪门”，现已怀孕待产。她的问题是：婆家希望她生完孩子后在家做全职太太，等生完二胎，两个小孩都上幼儿园后再出去工作。女粉丝算了下，这样至少需要五六年，而现在她大学毕业后仅工作了七八个月，而且这七八个月中自己也处在孕期，说是工作，其实就是去打个卡。她觉得五六年后重返职场变数太大。

婆家倒也开明地给出了条件，包括他们的新房给她20%的产权（新房价值3000万元），生完二胎后产权加到50%等。女粉丝问情感博主该如何选择，是生完一胎就重返职场，还是按照婆家的要求，生完二胎，五六年后再重返职场？如果选择后者，该如何跟婆家谈筹码？

情感专家给出的回答是：既然你们家有二胎计划，不如生完二胎再出去工作，如果等五六年后，事业发展到高峰期再生二胎，更加得不偿失。在该情感专家看来，婆家开出的条件已经很不错了，她还叮嘱女粉丝一定要保持自己的颜值不掉线，婆家有钱，可以花钱多雇几个保姆，不要亲自带孩子太累。

应该说情感专家前面给出的建议还是比较客观的，但一看到什么“一定要保持自己的颜值不掉线”我就隐隐感觉有些不舒服了，而文章后面的评论才叫人大跌眼镜。

有一个网友评论得到了最高票数的赞，还得到了该“专家”的夸奖，大意是：漂亮的姑娘应该永远把家庭放在工作前面，因为漂亮姑娘从婚姻家庭中得到的收益远远超过工作。你看这位女粉丝通过结婚生子就轻松赚了几百万（房产权），如果自己努力工作，能赚那么多吗？恐怕奋斗一辈子都赚不了那么多。很多姑娘走第二条路，是因为走不了第一条路。

好一个“走第二条路，是因为走不了第一条路”！我惊诧于这个年代还有人把女性物化到这种程度，更惊诧于该情感专家的高人气——她的观点理论有不少拥趸。

有些女人虽然接受了高等教育，可她骨子里的谄媚思想，跟前清的裹脚老奶奶并无二致。

我刚开始写作、录网络电台节目时，总有些人说风凉话：女孩子那么拼干吗，最后还不是得嫁人！女人事业心太强不好嫁的！起初我是有些气愤的，我的大学同学超超劝我：别理那些人，你要知道，这世界上 99% 的人和事都是和你无关的，你只管做自己爱做的事。

还有朋友给我支着儿，下次你就这样回答：最好的爱情和婚姻都是势均力敌、旗鼓相当的，我那么努力，就是为了将来在喜欢的人面前有底气。“你很好，但是我也不差啊！”

我看到过许多文章会用“你是谁，就会嫁给谁”“你若盛开，清风自来”等话语来激励女孩子要努力，要自强。千努力万努力，绕了一圈，最后还是回到“嫁人”这个话题上。

可是，我想说的是，我那么努力，可不是为了嫁给谁啊！

我那么努力，只是为了取悦我自己。作为一个女孩子，我也渴望在事业上做出一番成绩啊！当你在职场上越来越得心应手、如鱼得水，当你在自己喜爱的事业上取得了点滴进步，当你获得越来越多同事和同行由衷的敬佩，当你收获越来越多惺惺相惜的对手或朋友，那种成就感和愉悦感不是你在恋爱关系和婚姻关系中能得到的。因为你在工作和事业中获得的这些欣赏，凭的是自己实打实的能力，此时，你不是一个女人，而是一个“人”，作为一个“人”的完整个体，你实现了自己的价值，获得了应有的尊重。

这两年，我除了本职工作以外，几乎把所有的业余时间都投入到写作和播音中。有人问这样很辛苦吧？我说我很享受现在的状态啊，忙碌但充实！我正在做的事，是我喜欢做的事，也是我想要做得更好的事。我还因此获得了出书的机会，结识了越来越多志同道合的朋友，这些都是努力带给我的礼物。

我那么努力，是为了能更好地掌控自己的人生。现实生活中，确实有一些女人，凭着漂亮的姿色，甚至可能长得也就一般的，嫁入了富裕的家庭。可是，嫁了人就万事大吉了吗？要知道，王子和公主从此过着幸福的生活，只存在于童话中。婚姻的变数太大，你能保证你的婚姻永远幸福完美不出现差错吗？根据亦舒小说改编的电视剧《我的前半生》中，罗子君因为丈夫的一句“我养你”，开心地过上了养尊处优的阔太生活，等到她老公为了小三跟她离婚，她才发现她这些年所有的一切幸福都是建立在“有个好老公”的基础上，离开了这个“好老公”，她罗子君什么也不是。

退一万步讲，就算你的另一半永远对你忠贞不二，你能保证他一直顺风顺水，保你一生衣食无忧吗？简姐姐生意场上有个朋友，不幸遭遇了破产，而他老婆当了太久的家庭主妇，加上天生不是有主意的人，除了偷偷抹眼泪，什么忙也帮不上。他们的女儿原本和简姐姐的女儿读同一所贵族学校，家里破产后被迫转到普通学校去读了。再比如文章开头的那位女粉丝，表面上看她通过婚姻和生育是获得了价值几百万的房产，可万一哪天她婆家到了资不抵债要变卖房产的地步呢？一位在商场打拼多年的姐姐曾感慨："我见过了太多靠山山倒，靠人人跑的例子，女人要像男人一样拼事业，把婚姻只当成生活的一部分，而不是全部。"

因此，我们女人努力工作，追求自己的事业，追求经济独立，是为了实现自我价值，也是为了无论结婚还是不结婚，无论以后婚姻和生活出现什么样的变数，我们都能更好地掌控人生。

哪有什么
天生的女汉子

看了李安的自传《十年一觉电影梦》后，我对李安妻子林嘉惠的兴趣超过了李安。按照现在流行的话来说，这妥妥是枚女汉子。

李安与林嘉惠结婚时，嘉惠的姐姐特地从自家花园摘了两朵巨大的新鲜玫瑰，还绑上松枝，想给李安和林嘉惠当胸花用。结果这姑娘当场发飙不干了：你让我戴树啊？最后还是其中一位伴娘急中生智，去花店重新买了一束秀气的小花，才平息了新娘子的怒火。

婚后两人分隔两地，继续读书。嘉惠生第一个孩子阿猫，是自己开车去医院生的，接生的医生还以为嘉惠是弃妇。生第二个孩子石头，李安早早守在一边，又被林嘉惠骂了一顿：你杵在那里干吗？你又不能替我生。让李安一点参与感都没有。

李安成名后，去参加奥斯卡颁奖典礼，林嘉惠抱着“伸头一刀，缩头也是一刀”的心理穿了双高跟鞋勉为其难当了回“李太太”。事后还不断抱怨高跟鞋把她后脚跟勒出了很深的痕。换作一般女人，会觉得这是出风头的好时机吧？但林嘉惠从来不屑于所谓的“妻凭夫贵”。两人去纽约的华人区买菜，有位台湾来的老太太对嘉惠说：“你真好命，你先生现在还有空陪你出来买菜。”“你有没有搞错，是我今天特地抽空陪他出来买菜的。”老太太听到林嘉惠这么说，一时气结，半天接不上话来。看，她就是这么有个性的女人。

李安曾说，太太对他最大的支持是她有独立生活的能力，如果不是因为她，他很可能没办法实现自己的电影梦想。蜗居六年当家庭“煮男”的日子里，家里大小开支全靠林嘉惠一人，李安每天除了看书、写剧本，就是做饭，然后和孩子一起，“等着英雄的母亲带着猎物归来”。

然而，林嘉惠也不是天生就那么强大的。刚开始的半年，她真的很难过，甚至都不想活了。也曾打电话向自己的母亲哭诉，她母亲劝她，要么，离婚吧？

终究还是没有离。

后来老二出生，丈母娘去美国帮忙带孩子，林嘉惠还特地叮嘱自己的母亲千万不要在李安面前提拍片的事情，怕他受不了。甚至到了后来，李安过意不去，想要放弃电影出去找其他工作，是林嘉惠鼓励他继续留在这一行。

李安曾在一次访谈中，提到自己对妻子林嘉惠的愧疚。因为他一拍电影就来劲，不拍电影的时候就无精打采，像个死人。“我不需要一个死人丈夫。”林嘉惠不止一次说过。外人只看到知名导演的夫人这个头衔似乎很风光，可有谁知道知名导演出名之前他们家的苦日子，李安把最好的状态留给了电影，把最差的状态留给了家人，对这个家庭来说，他其实不是一个合格的丈夫。

女子本弱，为妻为母则强。林嘉惠这个“女汉子”，一定程度上也是被逼出来的。

说到女汉子，我又想到了我老妈。我上初中的时候，我爸查出了心脏病，再也干不了重体力活。那时候，我哥还在上高中，两个小孩读书要花钱，我爸吃药、住院要花钱，家里日常开支要花钱，全家的重担都落到了我妈一人肩上。她一边照顾我爸，一边想方设法赚钱。她在街上卖过菜，每天4点多就起床去进货，中饭就随便吃点馒头，也做过我们当地节日彩灯那种计件的活，完成一件赚几毛钱，她每天天不亮就开始做，一直做到晚上很晚。

我们家还有几亩地，虽然插秧、割稻、晒谷子我和我哥会帮着一起干，但是平时几亩地全是她一个人在料理。我记得有一次家里来了客人，我哥去田里找我妈，我妈正在喷农药，说让我哥等一会儿，她马上就喷完了，结果我哥被农药熏得差点晕倒在田边，还是我妈及时发现的。后来家里盖新房，我哥和我都在工作，里里外外全是我妈一个人在弄，为了省钱，她还顶了一个小工的活。

有一次我跟我大姨抱怨我妈有时候太过强势，她严肃批评了我一顿：你妈不强势，能有你们今天吗？你爸生病走了，你家又是移民户，你妈再不强势点，你家在村里的日子怎么过？还不都是被逼的。

说得也是啊，有时候我真的难以想象，她一个人是怎么把这个家撑下来的，我爸去世以后她一个人是怎么过来的，她一个人是如何把家里的房子盖起来的。

这几年我给我妈买衣服，她总是嫌贵。直到有一次她说，老都老了，还买什么衣服呢？年轻的时候不打扮，到老了打扮吗？语气里略带遗憾。我回想起来，这么多年，她没有给自己买过一件衣服，我一直把她当作“母亲”来看待，却忘了她也是个女人，爱美之心人皆有之，只不过为生活所迫，她成了灰头土脸的农村妇女。

后来，我妈又零零碎碎告诉我一些事情。比如我爸每次复发要住院，她都是硬着头皮摸黑去街上叫车，其实她很怕一个人走夜路；比如她嫁人之前不会做饭，我外婆炒菜手艺很好，她从不让她的女儿们烧饭，她还说自己会长冻疮，到了冬天就捧着双手，什么活也不做，可是嫁人以后呢，家务、农活样样都干，简直成了全能手。

其实，哪有谁是天生的女汉子。她看上去刀枪不入、无坚不摧，不过是被生活逼着穿上了盔甲，小心地收起了自己的脆弱和无助。

她坚硬的外壳下，深藏着的是柔情似水，浓浓的爱意啊！

女儿，
你一直让人很放心

1

人生第一次给父亲写信，源于初中的一次家庭作业，老师要求我们给家长写一封信，同时家长要回信。

我母亲只有小学文化，用她自己的话说，别说写字，连握笔也握不像样了。我父亲是高中文化，他要考大学的时候我叔叔也要考大学，家中经济窘迫，他只得放弃了考大学，早早肩负起了长子的责任。

我自然选择了给父亲写信，写好之后还装模作样拿了一个信封装好，跟父亲说这是老师布置的作业，你看完要写一封回信的。递给他的时候，我是有点不好意思的，他似乎也有点不好意思，问我应该怎么回信。我说你看完随便写，一个作业而已。他把信揣进了口袋里，并没有看。

我从初中开始就寄宿在学校里，星期天下午我准备返校时，父亲把信塞进了我的书包里。

那个时候，父亲查出了心脏病，治疗了一段时间后闲在家中休养。我们都小心翼翼地避开这个话题，欲言又止。我们又是羞于表达的人，即使用写信这样的方式，也是官方而客套，看不出一丝情感。

我在信里讲了下自己的学习情况，再就是让父亲多出去散散步，保持心情愉悦什么的。父亲回信里让我不要担心家里，要专心学习。“不过我倒也不操心你的学业，你一直让人很放心。”他最后说。

后来，这两封信也不知道哪里去了。

这是我们之间第一次写信，也是最后一次写信。如果我能预料到这样的结果，我一定会好好保存它们。哪怕，它只是一次家庭作业，哪怕，写的只是一些客套的字句。

2

母亲跟我说，我哥出生的时候，父亲什么也不会干，让他抱一下我哥吧，他宁可洗碗。等我出生的时候，他突然愿意抱我了。大概男人对于父亲这个角色也是慢慢才适应的。

在我四五岁光景时，父亲用男孩子玩的玻璃弹珠教我哥数数，结果我哥怎么也教不会，我在一旁看着却准确报出了数字。父亲大为惊喜，觉得这个女儿将来一定有出息。这些也是母亲告诉我的，我对五岁之前的事记得的很少。

我印象很深刻的一件事是哥哥上学之后我没人带，父亲用那辆老式二八自行车载着我去了他干活的工地，他干活，我在旁边看着。他特地买了瓜子，用报纸包好，让我拿手里吃。那个年代，像瓜子之类的零食无异于奢侈品，一般都是过年时家里才会买一些用来招待客人。结果我没拿好，瓜子撒了一地，我“哇”的一声就哭了。那天的阳光很好，工地上热火朝天，而我哭得特别伤心。父亲的那些工友们安慰我说重新捡起来就好了啊，还是可以吃的。我却一直哭，不愿意低头去捡瓜子。

我在哭什么呢？多年之后回想起来，我似乎有点明白：也许是在责备自己破坏了那个美好时刻吧！

3

我上学之后，果然如父亲所料，成绩很好。可能我真的是个读书的苗子，可能是为了不让父亲失望，我心里暗暗憋着鼓劲，每次考试都要考第一，偶尔考了次第二，都会难过好久。

我喜欢花，但是种不起什么名贵的花，就跟同学要了些太阳花种子，撒在家里栽葱和蒜苗的盆里。没几个月太阳花们就茁壮成长，花开得红红火火、热热闹闹，那些小葱和小蒜苗则被逼成了点缀太阳花的几棵小草。母亲在饭桌上偶有怨言：鬼花样百出，这些花能当饭吃啊？我理直气壮地回答：不能吃，但好看啊！父亲在旁边赔着笑脸：挺好看的，孩子喜欢就让她种吧。

有一天，父亲比平时回来得晚了一些，车篮里放着几株带叶的水栀子，这些水栀子有的还是青色的花骨朵，有的已露了些白，含苞欲放。父亲说是在路边看到的，顺手摘了几朵。我满心欢喜，拿出了家中还没用过的古典花瓶，灌上清水，小心翼翼地把水栀子插了进去。那段时间，房间里弥漫着栀子花淡淡的清香，沁人心脾，让人心安。直到现在，这种南方夏天随处可见的朴素的白花，依然是我的最爱。

4

我从小就是个比较独立的人，初中寄宿学校后很少回家。父亲生病以后，我回家回得更少。我跟家里说：学业很忙，我坐公交车又会晕车，就不每星期回家了。虽然学业忙和晕车都是事实，但其实更深层的原因是，我害怕回家。

作为一个普通的农民家庭，家中的顶梁柱生病了，非但干不了重活赚不了钱，还要花大笔的钱治病，又有两个小孩要读书，负担可想而知。每次回家，尽管他们在我面前尽量表现得很平静，但我能感受到家中那股压抑的氛围：母亲的辛劳和苦楚，父亲的痛苦和自责。

于是我选择了逃避。

努力学习吧，等我考上大学，工作以后，能赚钱了，家里就能好转了。我暗暗对自己说。

5

可是父亲没有等到家里情况好转，他甚至没有等到我考上大学。

高三下半学期，刚过完年，学校补课，提早开了学。但没几天我又被叫回了家中。亲戚们都说父亲快不行了。我不敢相信。

我说你还没看到我考大学呢，你要好起来啊。父亲说，你学习这么好，肯定能考上好的大学的，你一直让我很放心。我握着他粗糙的大手，说不出话来，我有多久没有好好看过他，不对，我好像从来没有好好看过他。但此时，我不忍细看。

父亲终究还是走了。

我近乎麻木地办完了父亲的后事，返回学校，竟有种恍如隔世的感觉。直到那个夏天，我收到了浙江大学的录取通知书，心中却毫无半点喜悦，只感到没来由的空虚。家，少了一个人，又不止少了一人这么简单，冷清得可怕。

李安导演的电影《少年派的奇幻漂流》中有句台词：即使人生就是不停地放下，但最令人痛心的还是没能来得及好好告别。

想想父亲这些年，一边忍受着病痛的折磨，一边心怀对家庭、对母亲的愧疚。可是，我连最简单的好好地陪伴他一下都没能做到。

我只能自欺欺人地对自己说，至少，我这个女儿一直让他很放心，让他不用牵挂。

姑娘，
你野心勃勃的样子真美

1

“女孩子心不要太高。”我不知道有多少姑娘听过这样的话，反正在我的成长过程中，特别是毕业工作以后，耳边总是充斥着这句话。

从小，周围总有些针对女性的歧视舆论，比如我小学成绩优异，人家就担心“女孩子上了初中就不行了”，到了初中，人家又担心“女孩子到了高中就不行了”，我就在这样的“魔咒”中，一路考到了浙大。因为别人的一句“女孩子理科不行”，我像是赌气一样在高二文理分科的时候选择了理科，实际上我成绩比较平均，文理科差别不大，选择文科可能还更轻松些。

等到毕业面临择业，别人一句“女孩子心不要太高，有份稳定工作就行了”，我鬼使神差地中魔了。然后我在“女孩子心不要太高”的洗脑下，做了很多年温顺乖巧、无欲无求的小白兔。

2

有几次相亲，对方问：大学在哪里读的？我说杭州啊。

有些人会再问：杭州哪所学校呢？我说浙大。

对方的态度突然产生了微妙的变化：哇，学霸啊！好似这世上有两种女人：一种是女人，一种是女学霸。

我说我在大学里是一枚彻头彻尾的学渣啊！别人以为我故作谦虚，其实我说的是大实话。我读大学时由着性子看了一堆乱七八糟的书，听了许多似乎没什么用的选修课，但是专业课成绩平平，学生会、社团活动更是与我绝缘。

这样的相亲往往没了下文。我总结经验：一定是“浙大”的名号把对方吓跑了。怎么说呢，搁北京我这样的就如同一粒沙子遇见了沙尘暴，瞬间就被淹没了；可在小地方吧，就有点像白墙上的蚊子血那么显眼——要知道我毕业以后很多年都是待在基层乡镇的。

往后别人再问我什么学校毕业的，我就含含糊糊带过了。然而，还是没有下文。

我百思不得其解：难道我的脸上写着“浙大”两个字？

有一天，我突然想起大学时某个同学说的话，他说，在校园里走，哪个女生是浙大的，哪个女生是杭州其他学校来的，他一眼就能看出来。

我大惊：“是因为浙大女生太丑了吗？”

他直翻白眼：“哪有你这样自损的，是因为浙大女生身上有股傲气。”

我不服：“浙大男生不也喜欢以‘猥琐男’自居吗？话说这你怎么看得出来？”

“反正就是能看出来。”他丢下这句话就走了。

看来，虽然我没透露什么信息，但是我这“心高气傲”的臭毛病还是无形中拒人以千里之外了。“女孩子心不能太高啊！”我竭力拿这句话给自己洗脑。

只是，越到后来我越发现，我始终无法拿“女孩子心不要太高”说服自己。我不得不承认，我并不甘心就这样做一份稳定的工作，我有梦想——这是好听一点的说法，说白了，就是野心。

我，岚小茉，是一个有野心的姑娘。

3

曾经有位长辈对我说，女孩子不要做女强人，找个差不多的人嫁了，自己也不用太辛苦。可是，就像电影《七月与安生》里七月的妈妈最后说的，其实女孩子，不管选择哪条路，都是辛苦的，过得折腾一点，未必就不幸福。

折腾有折腾的辛苦，安逸有安逸的心苦。

安逸有安逸的幸福，折腾有折腾的幸福。

安逸型的姑娘，做一份稳定的工作，安安稳稳过日子，未尝不是一种上乘的选择。但如果硬要让积极奋斗型的姑娘去接受安逸的生活，这就如同把一只雄鹰当金丝雀养在笼里，你以为它每天好吃好喝逍遥自在，实际上它一心只想冲破牢笼飞向蓝天。

4

资深学者、国际政治及美国研究专家资中筠曾痛心疾首地指出，中国这些年的女性观呈大幅倒退趋势。她刚工作时，女性普遍追求有一份自己的事业，新中国成立初期，中国的外交官制度还实行随任制，但那些随丈夫出国的外交官太太却有点心不甘情不愿，觉得自己成了丈夫的附庸，没有施展拳脚的机会。

现如今，社会上“女子无才便是德”等言论却有抬头的迹象，甚至很多女生还在读大学就已经被家里催婚逼婚，更有些女人低声下气当起了富豪的小三。如范雨素做育儿嫂的那位女雇主，身材曼妙，脸蛋漂亮，半夜画着精致的妆容，坐在沙发上等男雇主回来。在范雨素的眼里，她像宫斗剧里的娘娘一样刻意地奉承男雇主，不要尊严，伏地求食。每每这时，范雨素就会恍惚，不知道自己是活在大清帝国，还是社会主义新中国。

大清亡了一百年了，但有些人的思维和行为模式还停留在大清呢！

5

而社会上对女强人却有种偏见，好似这世上还有两种女人：一种是女人，一种是女强人。

媒体在对“女强人”的采访中，总是会涉及这样一个问题：你是如何平衡事业和家庭的？这个问题本身没什么毛病，一个人的事业重要，家庭也同样重要。但问题是，从没有人问一个男性成功人士：你是如何平衡事业和家庭的？

男人为了拼事业可以不顾家庭，这种情况放在女人身上就要遭受严厉的指责。舆论对男女的双重标准，使得很多女人在婚后主动放弃了事业。

我认识的一个姐姐，和她老公在同一所大学里任职。某一年，学校的一个中层职位公开考试，经过一轮轮面试、笔试，最后总成绩出来她是第一，她老公是第二。这位姐姐思考良久，主动放弃，让她老公得到了这个职位。她母亲（注意，不是她婆婆）夸她识大体：女人嘛，自己强有什么用，关键还是得男人强。

但是十几年过去了，她为当初的选择后悔了。她老公自从提拔了中层，仕途一路高歌猛进，而她放弃了那次机会后，从此再也没有碰到第二次机会，一直做着一名最普通的职员。现在她老公越来越忙，成天不着家，回来也说不上几句话，有时候还会烦她婆婆妈妈，没有共同语言。

你放弃了自己的野心，收起自己的翅膀，换来的却不一定是“岁月静好”。

6

也许有人会说，光有野心，没有实力有什么用。这世上最痛苦的事，莫过于你的才华配不上你的野心。

有段时间，我也彷徨过，纠结过：我的才华是否配不上我的野心？

后来我才发现，人的才华并不是与生俱来的，它需要你去挖掘，去开发，去训练，很多人的野心之小根本还轮不上动用才华。你不去拼一下，永远不知道自己有多大的潜力。

我亲爱的姑娘们，有野心并不是一件坏事。一个有野心的人就算最后没有到达顶峰，她所取得的成就也比没有野心的人要高很多。

你的野心，会促使你去奋斗，去拼搏，去靠近阳光，去触及美好。

你的野心，会让你成为一个更好的人。

姑娘，你野心勃勃的样子真的很美！

一个人旅行，

也许会孤独，

但只要出发了，

就能遇见新的自己……